Hydrostatische
Mess-Instrumente

von

O. Krell sen.

Mit 19 Textfiguren und 6 Tabellen.

Berlin.
Verlag von Julius Springer.
1897.

ISBN-13:978-3-642-89984-3   e-ISBN-13:978-3-642-91841-4
DOI: 10.1007/978-3-642-91841-4

Softcover reprint of the hardcover 1st edition 1897

Vorwort.

——

Die Thatsache, dass in der Heiz- und Lüftungstechnik über viele Verhältnisse noch ungeklärte und abweichende Ansichten bestehen, lässt sich in erster Linie darauf zurückführen, dass es mit den vorhandenen und gebräuchlichen Messmethoden und Instrumenten sehr schwer ist, die Wirkungsweise ausgeführter Anlagen klarzulegen und deren Leistungen mit dem der Konstruktion zu Grunde liegenden Programm zu vergleichen.

Ich selbst habe während meiner langjährigen Praxis diesen Mangel schwer empfunden, fand aber erst in den letzten Jahren die nöthige Musse, um mich eingehender mit der Frage manometrischer und anemometrischer Messungen zu beschäftigen, wodurch ich zu Untersuchungen geführt wurde, deren Ergebniss die im Folgenden beschriebenen Apparate sind, welche, mit einziger Ausnahme des hydrostatischen Pyrometers, in einer Anzahl von Exemplaren zur Ausführung gekommen und bereits längere Zeit im Gebrauch erprobt sind.

Ich würde es als eine grosse Genugthuung empfinden, wenn es mir gelungen wäre, durch die Einführung nachstehend beschriebener Messinstrumente in die Praxis einem gefühlten Bedürfniss, wenn auch nur theilweise, abgeholfen zu haben.

Der Verfasser.

Inhalt.

I. Das Micromanometer

(h y d r o s t a t i s c h e G a s w a a g e).

D. R. G. M. No. 52222.   No. 52818.

Die Bewegung der Luft in den Canalsystemen von, durch Temperatur-Differenzen betriebenen Lüftungsanlagen, basirt auf der Erzeugung von Pressungsdifferenzen zwischen dieser Luft und der Aussenluft.

Diese wirksame Pressungsdifferenz werde ich im Nachfolgenden immer als das Gefälle des Canales bezeichnen. (In Tabelle VI des Anhanges sind die Gefälle für verschiedene Canalhöhen und Temperaturen in $\frac{1}{100}$ mm Wassersäule angegeben.)

Das Gefälle kann demgemäss definirt werden als die Differenz der algebraischen Summe der Druckhöhen der äusseren Luft und der algebraischen Summe der Druckhöhen der inneren Luft eines Canalsystems, beide gemessen von der Einmündung bis zur Ausmündung.

In gleichem Sinne spricht auch Althaus[1]) von einem Wettergefälle der Gruben.

Den häufig für den gleichen Begriff angewandten Ausdruck: Zugstärke oder auch Zugwirkung vermeide ich als zu Missverständnissen Anlass gebend. Auch die von Professor Rietschel[2]) im obigen Sinne gebrauchten Bezeichnungen: Wirksame Druckhöhe oder Auftriebhöhe resp. Abtriebhöhe lassen sich füglich besser durch den Ausdruck Gefälle ersetzen.

In Lüftungsanlagen beträgt nun das gesammte Gefälle meist nicht mehr als 1 mm Wassersäule und die Pressungsdifferenz, welche die bei Lüftungsanlagen gebräuchlichste Geschwindigkeit von 1 m pro Sec. erzeugt, nur 0,066 mm Wassersäule.

Zur Messung so geringer Druckunterschiede sind die in der Gastechnik für diese Zwecke verwandten Instrumente wie das Schwimmermanometer von S. Elster, Zeigermanometer von Evans etc. nicht zu brauchen, und selbst die in der Heiztechnik verwandten Manometer von Scheurer-Kestner, Siegert & Dürr etc. versagen, sobald Pressungen unter $\frac{1}{10}$ mm Wassersäule gemessen werden sollen.

Das einzige mir bekannte Manometer, welches genauere Messungen auch unterhalb $\frac{1}{10}$ mm gestattet, ist das Differentialmanometer von Professor G. Recknagel[3]),

---

[1]) Althaus, Anwendung der bekannten Gesetze der Wetterbewegung auf Ventilatoruntersuchungen. — Zeitschrift für Hütten- und Salinenwesen im preussischen Staate Bd. XXXII Heft 2 1884, S. 176.

[2]) Rietschel, Leitfaden. Lüftungs- und Heizanlagen I. S. 38 und S. 45.

[3]) G. Recknagel, Manometrische Méthode zur Bestimmung des specifischen Gewichtes der Gase. — Annalen der Physik und Chemie von Wiedemann, neue Folge. Bd. II, Heft 2, 5291, 1877.

G. Recknagel, neue Methode, das specifische Gewicht des Leuchtgases zu bestimmen. Journal für Gasbeleuchtung von Schilling. Jahrgang 1877, S. 662.

welches derselbe als eine Verbesserung des „Manomètre à tube inclinée von Péclet",[1] bezeichnet. Da die sämmtlichen hier beschriebenen Instrumente auf Grundlage der Untersuchungen von Professor G. Recknagel aufgebaut sind, dessen Arbeiten meiner Meinung nach in Ingenieurkreisen viel zu wenig gekannt und gewürdigt sind, so will ich hier kurz die Construction des Recknagelschen Differentialmanometers besprechen.

Fig. 1.

Das Instrument ist ein Flüssigkeitsmanometer (Fig. 1) und beruht auf dem Princip der kommunizirenden Röhren. Der eine Schenkel wird von einem genau auf Mass ausgebohrten Metallhohlcylinder (c) gebildet, welcher einen lichten Durchmesser von 100 mm hat und mit einer aufgeschliffenen Glasplatte abgedeckt ist. Der andere Schenkel ist eine mit aufgeätzter Millimetertheilung versehene Glasröhre (b Fig 1) von 2 mm — 3 mm Durchmesser, deren Fassung so geformt und in einem Tubulus des Metallcylinders eingeschliffen ist, dass man der Glasröhre verschiedene Steigungen gegen die Horizontale geben kann je nach der Empfindlichkeit, welche man dem Instrument zu verleihen wünscht. Beträgt z. B. die Steigung der Glasröhre $3^0/_0 — 4^0/_0 — 5^0/_0$, so muss der Stand der manometrischen Sperrflüssigkeit in dieser Röhre um $33^1/_3$ mm — 25 mm — 20 mm vorlaufen, sobald der Luftdruck im Metallcylinder um 1 mm Flüssigkeitshöhe steigt.

Professor G. Recknagel hat auch eine einfache Methode zur genauen Aichung, d. h. der Reduction der Angaben des Differentialmanometers auf verticale Millimeter Wassersäule angegeben, wie folgt.[2]

„Nachdem das Manometer so weit mit Sperrflüssigkeit gefüllt ist, dass sie im Glasrohre innerhalb der Theilung endigt, wird ein mit Sperrflüssigkeit gefülltes Kölbchen sammt Trichterchen gewogen und nach Notirung des anfänglichen Standes der Sperrflüssigkeit solche in beliebiger Menge aus dem Kölbchen durch den Trichter eingegossen. Dann wird der schliessliche (höhere) Stand der Sperrflüssigkeit im Glasrohre notirt und das Kölbchen sammt Trichter zurückgewogen. Hat das Eingiessen von (p) Gramm ein Steigen der Flüssigkeit in der Glasröhre um (n) Millimeter bewirkt und ist (q) der in Quadratcentimetern ausgedrückte Querschnitt der Höhlung des Metallcylinders, so ist

$$\frac{10p^{[3]}}{n \cdot q} = m$$

die gesuchte Reductionszahl auf verticale Millimeter Wasser, oder auch das Ueber-

---

[1] Traité de la chaleur par E. Péclet. 3ème Edition. Tom. I, p. 178.

[2] Ueber Einrichtung und Gebrauch des Differentialmanometers von G. Recknagel. Archiv für Hygiene. 17. Bd. S. 245.

[3] Ableitung dieser Formel bei Recknagel, neue Methode, das specifische Gewicht des Leuchtgases zu bestimmen. — Journal für Gasbeleuchtung von Schilling. Jahrg. 1877. S. 622, oder auch:

G. Recknagel, Ueber Einrichtung und Gebrauch des Differentialmanometers. Archiv für Hygiene. 17. Bd. S. 247. 1893.

setzungsverhältniss. Die Correctur wegen Sinkens des inneren Niveaus infolge Steigens der Flüssigkeit in der Messröhre wird durch Anwendung dieser Reductionszahl mitgemacht."

Diese Methode der Aichung gestattet eine grosse Genauigkeit.

Eine andere neuerdings von Prof. Recknagel angegebene Aichungsmethode,[1] bei welcher die Steigung des gläsernen Messrohres an einer an dasselbe herangeschobenen Scale zu ermitteln ist, kann nur für gröbere Messungen und steilere Steigungen in Betracht kommen.

Das Recknagelsche Differentialmanometer leistet im Laboratorium und, so lange es sich um Steigungen der Glasröhre von nicht weniger als 2 % oder 50 fache Uebersetzung handelt, gute Dienste. — Unter Anderem ist dieses Instrument von Professor Rietschel zur Bestimmung des Widerstandes von Luftfiltern[2] in Anwendung gekommen. Aber das Instrument verlangt, dass für jede Aufstellung desselben die Reductionszahl resp. das Uebersetzungsverhältniss in oben beschriebener Weise mit Hilfe einer genauen Waage mit Zubehör neu ermittelt werden muss. Einer solchen Bedingung kann wohl in einem Laboratorium, nicht aber an den Stellen entsprochen werden, an welchen der Techniker in der Praxis zu messen hat.

Auch kommt für den Ingenieur der grosse Zeitaufwand in Betracht, welcher für die jedesmalige Aufstellung eines Recknagelschen Differentialmanometers erforderlich ist.

Ausserdem ist bei dem Recknagelschen Manometer die Grenze des Uebersetzungsverhältnisses 1 : 50, während es für verschiedene Messungen wünschenswerth, ja erforderlich ist, die Empfindlichkeit des Instrumentes bis auf 1 : 200, ja selbst bis 1 : 400 zu steigern.

Vorstehende Erwägungen führten mich dazu, eine zwar auf demselben Princip beruhende, jedoch für den täglichen Gebrauch des ausübenden Ingenieurs geeignete und in der Empfindlichkeit bedeutend gesteigerte Construction eines Manometers zu suchen, welche ich in dem nachfolgend beschriebenen Micromanometer gefunden zu haben glaube.

Das mit Sperrflüssigkeit, gewöhnlich Alkohol, gefüllte dosenartige, auf 100 mm Weite ausgebohrte Gefäss (a Fig. 2), welches mit der Grundplatte (b) aus einem Stück gegossen und unten mit aufgeschraubtem Deckel versehen ist, communicirt durch ein in dem durchbohrten Schraubenpfropfen (c) eingesetztes, im Inneren der Dose hakenförmig nach unten gebogenes Metallrohr mit dem gläsernen Messrohr (e), welches ebenfalls in den Pfropfen (c) eingedichtet ist.

Die hakenförmige Einführung des inneren Metallrohres unter den Spiegel der Sperrflüssigkeit in der Dose (a) bezweckt einmal die Messung von Pressungsdifferenzen zu ermöglichen, deren Höhe in vertikaler Wassersäule gemessen, kleiner als die innere Weite des Messrohres (e) ist, sowie die Aufnahme und Unschädlichmachung der capillaren Steighöhe der Sperrflüssigkeit.

Es ist erforderlich, das innere Eintauchrohr in sanfter Biegung, ohne scharfe Ecken nach unten zu führen, um eine Ansammlung von Luftblasen in demselben zu vermeiden, bei deren Anwesenheit genaue Messungen nicht möglich sind; auch verhindern scharfe Ecken und Verengungen im Manometerschenkel des Messrohres die

---

[1] Recknagel, Ueber Einrichtung und Gebrauch des Differentialmanometers, Archiv für Hygiene. Bd. 17, Seite 241. 1893.

[2] Prof. H. Rietschel, Untersuchungen von Filterstoffen für Lüftungsanlagen. Gesundheits-Ingenieur. 1889. No. 4.

schnelle und richtige Einstellung des Meniscus der Sperrflüssigkeit auf die Null-
stellung.

Das in dem Schraubenpfropfen (c) Fig. 2 mit dem einen Ende eingedichtete

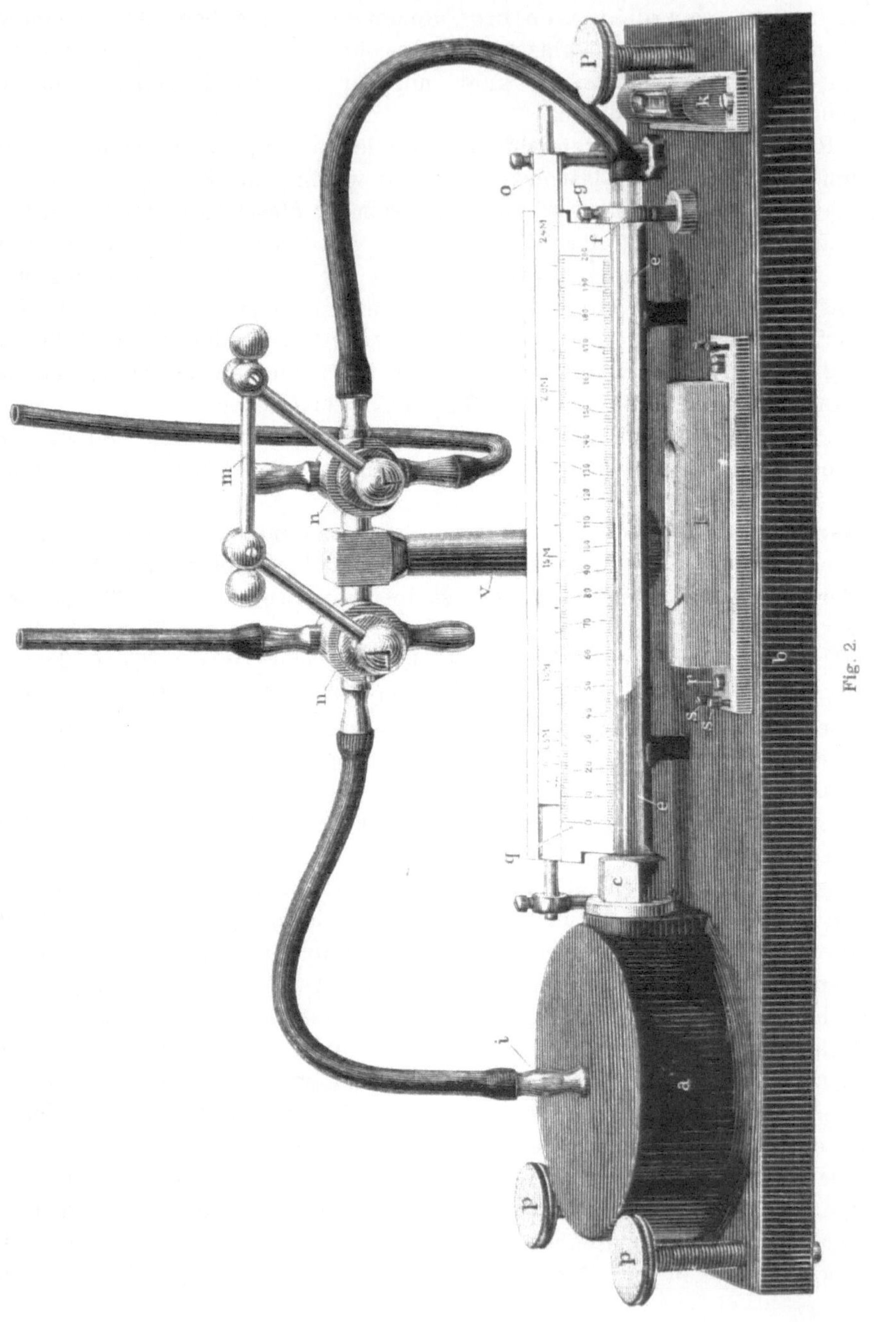

Fig. 2.

gläserne Messrohr (e) ist am anderen Ende durch die Stütze (f) und die Press-
schraube (g) unverrückbar mit dem Manometergefäss (a) und der Grundplatte (b)
verbunden.

In die Decke der Dose (*a*) ist ein konischer Pfropfen (*i*) mit Schlauchdülle eingesetzt, welcher in der Axenrichtung durchbohrt ist. Nach Abnahme dieses Pfropfens kann durch die Oeffnung Sperrflüssigkeit in die Dose eingefüllt oder herausgenommen werden, was am bequemsten vermittelst Pipette geschieht. Die Schlauchverbindung der Manometerdose nach dem Beobachtungsraum erfolgt durch die Bohrung des Pfropfens (*i*).

Durch die drei in die Grundplatte (*b*) eingeschraubten Stellschrauben (*p*) kann die horizontale Einstellung des Instrumentes auf der Unterlage, nach den beiden sehr empfindlichen Wasserwaagen, von denen die eine (*k*) quer zum Messrohr (*e*) die andere (*l*) parallel zu demselben befestigt ist, erfolgen. Die Querwasserwaage (*k*) ist unverrückbar auf der Grundplatte verschraubt. Die Längswasserwaage (*l*) jedoch kann durch die Stellschrauben *r* und *s* in ihrer Höhenlage verstellt werden.

An dem Säulchen (*v*) sind zwei Dreiweghähne (*n*) verschraubt, deren durch die Stange (*m*) verbundene Handgriffe ein gleichzeitiges Verstellen beider Hähne ermöglicht. Die beiden Schenkel des Manometers und die Beobachtungsräume, deren Pressungsdifferenz gemessen werden soll, sind durch Gummischläuche in der auf Fig. 2 ersichtlichen Weise mit den Dreiweghähnen verbunden, durch deren gleichzeitiges Drehen entweder die Communication der beiden Manometerschenkel mit den Beobachtungsräumen hergestellt wird, oder beide mit dem Aufstellungsraum des Manometers communiciren, in welcher Stellung der Nullpunkt der Scale bestimmt und controllirt werden kann.

Das genau gleichzeitige Oeffnen beider Hähne (*n*) ist dann erforderlich, wenn in den Beobachtungsräumen, deren Pressungsdifferenz gemessen werden soll, eine den gesammten Scalenumfang des Manometers überschreitende Ueber- oder Unterpressung gegenüber der Pressung in dem Aufstellungsraum des Manometers stattfindet.

Bei nicht gleichzeitiger Oeffnung beider Hähne würde in diesem Fall die Sperrflüssigkeit aus dem Manometer herausgeworfen werden.

Das Micromanometer kann nach der vorliegend beschriebenen Einrichtung immer nur jeweilig für ein von dem Verfertiger unverrückbar eingestelltes festes Neigungs- resp. Uebersetzungsverhältniss gebraucht werden und steht in dieser Beziehung dem Recknagel'schen Differentialmanometer an Verwendungsfähigkeit nach, dagegen ist die Aufstellung des Micromanometers am Gebrauchsort äusserst einfach und kann in kürzester Zeit und ohne alle Hilfsinstrumente ausgeführt werden, auch ist der richtige Stand des Micromanometers jederzeit durch die beiden fest mit dem Gestell verbundenen Wasserwaagen leicht controllirbar.

Das Micromanometer ist allerdings ausschliesslich für die Messung sehr geringer Pressungsdifferenzen geeignet, doch ist dieser Nachtheil allen Waagen, von welchen grosse Genauigkeit und Empfindlichkeit verlangt wird, gemeinsam. Von einer feinen chemischen Waage wird nicht verlangt, dass auf derselben auch Handelswaare abzuwiegen möglich sei.

Die für die Herstellung der Micromanometer zur Anwendung kommenden festen Uebersetzungen werden zur Vereinfachung der Berechnungen in runden Zahlen ausgewählt und sind für gewöhnlich folgende:

Bezeichnung des Micromanometers . . .	A.	B.	C.	D.	E.
Uebersetzungsverhältnisse m	1 : 400	1 : 200	1 : 100	1 : 50	1 : 10

Die gesammte Länge der Millimetertheilung auf oder an dem gläsernen Messrohr beträgt immer 200 mm, so dass die Maximaldruckdifferenz, welche gemessen werden kann, beträgt für das Micromanometer:

$$A = \tfrac{1}{400} \times 200 = \;\; 0,5 \; \text{mm (Wassersäule)}$$
$$B = \tfrac{1}{200} \times 200 = \;\; 1,0 \; \text{mm} \qquad \text{,,}$$
$$C = \tfrac{1}{100} \times 200 = \;\; 2 \;\;\; \text{mm} \qquad \text{,,}$$
$$D = \tfrac{1}{50} \;\times 200 = \;\; 4 \;\;\; \text{mm} \qquad \text{,,}$$
$$E = \tfrac{1}{10} \;\times 200 = 20 \;\;\; \text{mm} \qquad \text{,,}$$

Die Aichung der Micromanometer erfolgt auf Grundlage der von Prof. Recknagel angegebenen Aichungsmethode (siehe Seite 8), jedoch wende ich anstatt der Abwägung der Füllflüssigkeit deren Messung mit genauen, speciell für diesen Zweck hergestellten Maasspipetten an.

Als Sperrflüssigkeit wird Alkohol von 0,8 specifischem Gewicht benützt, weil diese Flüssigkeit im Gebrauch am angenehmsten und überall mit nahezu gleichem specifischen Gewicht in Apotheken und Drogenhandlungen erhältlich ist. Alkohol ist leicht beweglich, so dass derselbe, bei richtiger Einrichtung des Micromanometers, selbst bei Neigungen von 1:400 und weniger noch brauchbar ist, und keinen todten Gang ergiebt. Wasser kann wegen seines Verhaltens zu der Innenoberfläche des Glasrohres nicht zur Verwendung kommen.[1]) Um die Deutlichkeit der Ablesung zu erhöhen, ist der Alkohol durch etwas Fuchsin roth gefärbt.

Die Aichung eines B-Micromanometers mit einem Uebersetzungsverhältniss von 1:100 für eine gleichförmige auf das Glasrohr eingeätzte Millimetertheilung von 200 mm Länge geschieht beispielsweise wie folgt:

Nach der Formel Recknagels (Seite 8) ist

$$m = \tfrac{1}{100} = 0,01 = \frac{10\,p}{n\,.\,q} \quad \text{und deshalb}$$

$$p = \frac{n\,.\,q\,.\,0,01}{10}$$

und wenn, wie in vorliegendem Falle, die Werthe von

$$q = 78,5 \; \text{cm}^2 \; \text{(für 100 mm Dosendurchmesser)}$$
$$n = 200 \; \text{mm (Länge oder Scala)}$$

sind, so ergiebt sich das Gewicht der in die Dose einzufüllenden Flüssigkeitsmenge, welche ein Vordringen des Meniscus um 200 mm in dem 1:100 geneigten Messrohr bewirkt zu

$$p = \frac{200 \times 78,5 \times 0,01}{10} = 15,7 \; \text{Gramm}$$

Zur Reduktion des Gewichtes auf das Volumen ist ersteres mit dem specifischen Gewicht des Alkohols zu dividiren und man erhält

$$15,7 \; \text{Gramm} = \frac{15,7}{0,8} = 19,6 \; \text{cm}^3 \; \text{Alkohol.}$$

Es wird sodann eine Vollpipette für genau 19,6 cm³ geaicht hergestellt.

Nachdem das mit eingeätzter Millimetertheilung versehene Messglasrohr (e), Fig. 2, in den Apparat eingedichtet und in seiner Lage durch die Stellschraube g unverrückbar befestigt worden, wird bei ungefähr horizontaler Aufstellung der Grund-

---

1) G. Recknagel, Ueber Einrichtung und Gebrauch der Differenzial-Manometer. Archiv f. Hygiene. Bd. 17. 1893. S. 243.

platte durch die Stellschrauben (*p*) die Querwasserwaage *k* genau horizontal eingestellt. Sodann wird nach Abnahme des Pfropfens (*i*) durch die Oeffnung Alkohol von 0,8 specifischem Gewicht so lange eingefüllt, bis diese Flüssigkeit in das Messrohr (*e*) aufsteigt und in demselben der Meniscus der Flüssigkeit bis zu dem Nullpunkt der Scale vorgeschritten ist. Hierauf werden vermittelst der Messpipette 19,6 ccm Alkohol eingebracht und der hierauf sich ergebende Stand des Meniscus auf der Scale beobachtet. Kommt der Meniscus in seinem Fortschreiten vor der Marke 200 mm der Scale zum Stillstand, so ist dies ein Zeichen, dass das Messrohr zu steil für 1 : 100 Steigung liegt, das Umgekehrte ist der Fall, wenn der Meniscus nach dem Einfüllen der 19,6 ccm Alkohol über die Marke 200 mm hinausläuft. Es wird nun, nachdem durch Verstellung der Schraube *p* bei *k* schätzungsweise in entsprechender Richtung eine Veränderung der Steigung vorgenommen worden und das noch richtige Einspielen der Querwasserwaage (*k*) kontrollirt worden, soviel Alkohol bei *i* mittelst einer Pipette herausgenommen, bis der Meniscus wieder auf dem Nullpunkt der Scale einspielt. Nun wird mit der abgemessenen Vollpipette von Neuem 19,6 ccm Alkohol zugefügt und falls der Meniscus der Flüssigkeit im Messrohr in Folge dessen nicht genau bei der Marke von 200 mm zum Stillstand kommen sollte, die Steigung des Rohres in eben beschriebener Weise so lange verändert, bis dieser Forderung Genüge geschehen ist. Wenn dies erreicht worden, wird mit Hilfe der Stellschrauben (*r* und *s*) die Längswasserwaage für diese Stellung des Instrumentes genau auf den Horizont eingestellt und in dieser Lage endgiltig befestigt.[1]

Sollte, wie dies meistens der Fall sein wird, bei obiger Einstellung die Axe der ausgebohrten Dose (*a*) nicht ganz senkrecht zu stehen kommen, so ist dies von geringem Belang, denn selbst bei 1 % Abweichung der Dosenaxe von der Verticalen würde der hieraus entstehende Fehler noch nicht $^1/_{10}$ % betragen.

Würde das Messrohr (*e*) auf die Länge der Theilung von 0 bis 200 mm genau gerade und gleich weit sein, so würde jeder Millimeter der gleichförmigen aufgeätzten Theilung $^1/_{100}$ mm verticaler Wassersäule entsprechen. — Diese Bedingung ist aber bei den von den Glaswerken erhältlichen und herstellbaren Glasröhren nicht in dem Maasse erfüllt, wie es für genauere Messungen erforderlich ist, und da eine Justirung der Glasrohre durch Ausschleifen kaum zu erreichen, jedenfalls aber sehr kostspielig sein würde, ist an den Ablesungen der obigen gleichförmig getheilten Scale für 1 : 100 Steigung eine Correctur anzubringen, welche auf folgende Weise erhalten wird.

Ausser der Maasspipette I von 19,6 ccm, entsprechend 200 mm der Theilung bei 1 : 100, sind noch Maasspipetten für die Hälfte, das Viertel und den achten Theil dieses Volumens, d. i. von

II   III   IV
9,8   4,9 und 2,45 cm³

angefertigt, entsprechen einem Scalenausschlag von

100   50   25 mm.

Wenn nun das Instrument für $^1/_{100}$ Steigung, wie oben angegeben, regulirt und auf richtige Steigung des Messrohres mittelst der beiden Wasserwaagen eingestellt

---

[1] Um mit demselben Instrument auch mit anderen Steigungen als 1 : 100 messen zu können, ist es angängig, neben der Längswasserwaage *l*, parallel mit derselben, eine zweite Wasserwaage anzubringen und diese auf ein anderes Steigungsverhältniss wie *l* in der weiter beschriebenen Weise einzustellen, jedoch muss dann für jede der verschiedenen Steigungen (vergl. S. 16) eine andere, specielle, compensirte Scale zur Verwendung kommen.

ist und die Flüssigkeit so aufgefüllt worden, dass der Meniscus im Messrohr auf 0 der Scale steht, so müsste, wenn nun der Inhalt der Pipette II (9,8 cm³) hinzugefügt wird, der Meniscus, wenn die Röhre ganz gerade wäre, auf 100 mm der Scale zum Stillstand kommen. Dies ist aber, wie oben erwähnt, fast nie der Fall. Die Einstellung des Meniscus auf der Scale wird sodann notirt. Eine Controle der Richtigkeit dieser Einstellung wird dadurch erzielt, dass nach nochmaligem Hinzufügen des Inhaltes der Pipette II (9,8 cm³) der Meniscus sich genau auf 200 mm der Scale einstellen muss.

Von den beiden Endpunkten 0 und 200 mm der Scale und dem, wie vorstehend angegeben, neu ermittelten Halbirungspunkt der Scale ausgehend, werden mit Hilfe der Pipette III die beiden Hälften der Scale in gleicher Weise wie oben halbirt, und dann diese Hälften mit Hilfe der Pipette IV nochmals halbirt, wodurch auf der Scale sämmtliche Punkte für 8 Theile, jeder im Werth von $^{200}/_8 = 25$ mm, bestimmt sind. Die Ungleichheit des Glasrohres auf 25 mm Länge aber kann für alle bei der Anwendung des Instrumentes vorkommenden Fälle vernachlässigt werden, wodurch es zulässig erscheint, jeden der 8 wie oben ermittelten gleichwerthigen Abschnitte der Scale in 25 gleiche Theile zu theilen.

Nachfolgend ein Beispiel einer derartigen Theilung für das Glasrohr des Micromanometers ($^1/_{100}$) C. No. 14.

Die Längen der auf oben angegebene Weise erhaltenen Theilstrecken sind unterhalb der eingeklammerten, für ein absolut gerades Rohr geltenden, verzeichnet. Für ein absolut gerades Rohr würde jedes Intervall 25 mm Länge erhalten.

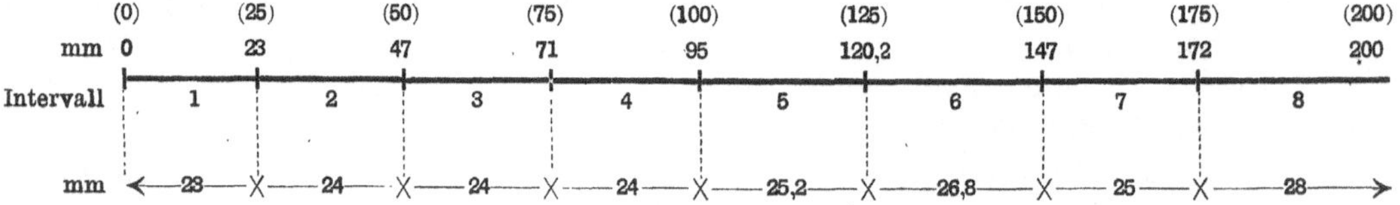

Beispiel der Correctur einer Ablesung nach obigem Schema.

Wenn an der Scale des Micromanometers No. 14 der Nullstand des Meniscus 23 mm auf der Scale betrug, und ein Stand von 105 mm abgelesen wurde, so beträgt die gemessene Pressungsdifferenz uncorrigirt 105 mm — 23 mm = $^{82}/_{100}$ mm Wassersäule. Die Correctur nach obigem Schema ergiebt: Der Werth der Summe der Intervalle 2—3 und 4 = 75 mm; hierzu kommt noch 105 mm — 95 mm = 10 mm im Werthe von

$$\frac{25,2}{25} \times 10 = 10,09 \,\text{mm},$$

in Summa 85,09 mm corrigirt anstatt 82 mm, wie die directe Ablesung uncorrigirt ergab. — Um vorstehende Correctur, welche zeitraubend und unbequem ist, zu vermeiden, wird eine andere Anordnung, eine sogenannte compensirte Scale angewendet. — Hierbei ist die Theilung nicht mehr direct auf dem Glasrohr eingeätzt, sondern es wird zur Feststellung der Grösse der 8 Theilstrecken zwischen zwei in 200 mm Entfernung auf dem Glasrohr angemerkten Punkten, neben dem Glasrohr zunächst provisorisch eine Millimeterscale aus Holz befestigt, deren Nullpunkt und 200 mm Index mit den angemerkten Punkten auf dem Rohre zusammenfallen. Die Längen der 8 Intervalle werden sodann nach dem oben besprochenen Aichverfahren festgestellt und als Grundlage für einen neuen Maassstab benutzt, welcher gleichwerthige Strecken des Messrohres angibt. Die einzelnen Intervalle werden, wie erwähnt, in je 25 gleiche Theile getheilt.

Der auf diese Weise erhaltene Maassstab wird neben dem Messrohr in geeigneter Lage so befestigt, dass der Nullpunkt der Scale und der Index von 200 mm mit den auf dem Glasrohr angemerkten Fixpunkten zusammenfallen.

An einer solchen compensirten Scale können die Pressungsdifferenzen direct und ohne nachträgliche Correctur abgelesen werden.

Es ist selbstverständlich, dass diese rein empirisch bestimmte Scale, wie alle Theilungen dieser Art, nur für das betreffende Glasrohr und für vollkommen unveränderte Lage desselben dem übrigen Apparat gegenüber giltig ist.

An einer solchen Compensationsscale mit gleichwerthigen, aber ungleichen Theilstrecken würde wegen dieser letzteren eine Gleitscale nicht benutzt werden können. Da jedoch bei den meisten Messungen die Gleitscale mit Vortheil angewendet werden kann, wurde, um trotz der ungleichen Theilung deren Verwendung zu ermöglichen, folgende Einrichtung getroffen.

Parallel zu der compensirten Scale auf dem Maassstab (*q*), Fig. 2, ist eine in Millimeter getheilte von gleicher Länge (200 mm) in einiger Entfernung gegenübergestellt, so zwar, dass sich die Anfangs- und Endpunkte beider Scalen direct gegenüber liegen. Jeder 10. Theilstrich der compensirten Scale wird sodann mit dem correspondirenden Theilstrich der gleichförmigen Scale durch eine gerade Linie verbunden, welche Verbindungslinie je nach dem Grade der Ungleichförmigkeit der compensirten Scale mehr oder weniger schiefgestellt erscheint. Diese Verbindungslinien werden mit für beide parallele Scalen gleichzeitig giltigem Index versehen. An der gleichförmig getheilten Scale ist, wie in Fig. 2 für Geschwindigkeitsmessung dargestellt, eine auf dem Schieber (*o*) angebrachte Scale mit entsprechender Theilung versehen verschiebbar, da es unbequem sein würde, den Nullpunkt des Micromanometers durch Zufüllen von Flüssigkeit immer in Uebereinstimmung mit dem Nullpunkt der Geschwindigkeitsscale zu erhalten, was erforderlich wäre, wenn diese Scale nicht verschiebbar wäre. Der Nullpunkt der verschiebbaren Scale (*o*), Fig. 2, wird dann immer auf den Punkt eingestellt, an welchem der Meniscus der Flüssigkeit nach genauer Einstellung beider Wasserwaagen einspielt.

Eine derartige Scaleneinrichtung, wie auf Fig. 2 gezeichnet, nenne ich eine compensirte Gleitscale.

Die Calibrirung von Micromanometern für andere Steigungen als 1 : 100 geschieht in analoger Weise wie oben für die Steigung 1 : 100 gezeigt, nur haben die erforderlichen Maasspipetten entsprechend anderen Inhalt. Für eine Steigung von 1 : 400 z. B. sind die Pipetten genau $\frac{1}{4}$ des Inhaltes der für 1 : 100 Steigung erforderlichen herzustellen, es können demnach die Pipetten III und IV mit 4,9 und 2,45 ccm Inhalt hier wiederum gebraucht werden.

Von dem bedeutenden Einfluss, welchen selbst geringfügige Abweichungen der inneren Messoberfläche auf die Ungleichförmigkeit der compensirten Theilung bei geringen Rohrneigungen haben, möge folgendes Beispiel ein Bild geben.

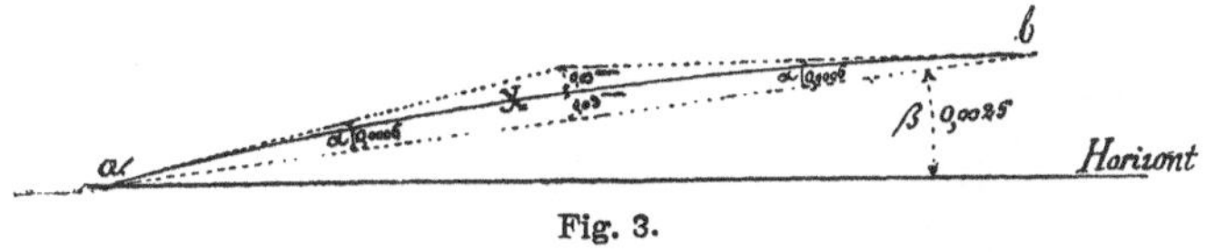

Fig. 3.

Es sei ein Glasmessrohr *x*, Fig. 3, auf Scalenlänge von 200 mm um 0,03 mm Sehnenhöhe in der Mitte, nach oben durchgebogen, dann schneidet, vorausgesetzt,

dass die Linie der Rohrbiegung einer Parabel entspricht, die an den Anfangs- und
Endpunkt der Scale, a und b gelegte Tangente in der Mitte der 200 mm langen
Sehne a—b in der doppelten Bogenhöhe, d. i. in $2 \times 0,03 = 0,06$ mm Entfernung von
der Sehnenmitte ab. Die Tangente am Anfangs- und an den Endpunkt des
gebogenen Rohres schliessen demnach mit der Sehne des Bogens einen Winkel (α)
von $\dfrac{0,06}{100} = 0,0006$ Steigung ein.

Wird nun das Glasmessrohr beim Einsetzen in das Micromanometer mit der
Wölbung nach oben so geneigt, dass die Bogensehne eine Neigung β, Fig. 3, von
$1:400 = 0,0025$ gegen den Horizont erhält, wie es durch oben angegebene Methode
der Calibrirung erreicht wird, so ergiebt sich aus Fig. 3, da so geringe Neigungen
ohne merklichen Fehler einfach summirt werden können, dass die Neigung des mit
der Sehne auf $1:400$ eingestellten Glasrohres am Beginn der Theilung beträgt bei a
$0,0025 + 0,0006 = 0,0031$ und am Ende der Theilung bei $b = 0,0025 - 0,0006 = 0,0019$.
Da die Grösse der Intervalle und Theilungen aber diesen Steigungen umgekehrt
proportional ist, so ergiebt sich, dass bei einem derartig geringfügig ausgebogenem
Rohr das erste Intervall von 25 mm normaler Länge nur 19 mm lang werden wird,
während das letzte Intervall (bei b) 31 mm lang ausfällt. Der Unterschied in der
Grösse der Intervalle beträgt somit $\dfrac{31 - 19}{19} = \dfrac{12}{19} = 64\,\%$. Ein solches Rohr ist für
$1:400$ Steigung kaum noch brauchbar. —

Sobald die Steigung des Rohres jedoch grösser wird, wird die Ungleichförmigkeit der Theilung bei gleicher Krümmung des Rohres geringer. — Es ergiebt sich
dieselbe, die gleiche Rohrkrümmung wie oben vorausgesetzt und in gleicher Weise
berechnet zu

$$
\begin{aligned}
12\,\% &\quad \text{bei } 1:100 \text{ Steigung,}\\
6\,\% &\quad \text{„}\quad 1:50 \quad\text{„}\quad,\\
1,2\,\% &\quad \text{„}\quad 1:10 \quad\text{„}\quad.
\end{aligned}
$$

Es geht hieraus hervor, und muss besonders betont werden, dass eine für $1/400$ Steigung
des Messrohres gefundene (ungleiche) Theilung der Intervalle der compensirten Scale
nur für diese Steigung giltig ist. — Für andere Steigungen aber wie $1/200$ oder $1/100$
darf diese compensirte Scale, auch wenn die Lage des Glasrohres im Micromanometer nicht verrückt worden ist, nicht verwendet werden. —

Das Micromanometer findet, abgesehen von der Verwendung bei nachfolgend
beschriebenen Specialinstrumenten, von welchen es einen wesentlichen Bestandtheil
bildet, noch Anwendung bei Messung der Druckdifferenzen zwischen beheizten und
ventilirten Räumen, bei Messung der Reibungsverluste und Widerstände in Venti-
lationscanälen und Wetterschächten, bei Bestimmung der Undichtigkeit von Canälen,
von bewohnten Räumen und dergl. mehr.

II. Das Pneumometer

(hydrostatischer Luft-Geschwindigkeitsmesser).

D. R. M. G. No. 41280.

Die allgemeine Anordnung dieses Messinstrumentes, welches die Messung der Geschwindigkeit bewegter Gase bezweckt, ist auf Fig. 4 dargestellt. Das Instrument besteht aus einem Pneumometerkopf B aus Metall, welcher an dem einen Ende eine Scheibe (a) trägt, welche im Centrum sowohl auf der Vorderseite als auch auf der Rückseite mit untereinander nicht communicirenden, auf der Scheibenfläche senkrechten Einbohrungen versehen ist, welche Einbohrungen die Staupressungen des gegen die Scheibenflächen gerichteten Gasstromes aufnehmen. Jede dieser Einbohrungen ist durch je einen besonderen, im Inneren der Scheibe ausgearbeiteten Kanal nach dem Scheibenumfang geführt und von da in zwei getrennten, parallel und dicht aneinander gelegten Röhren (e) weitergeführt. Die Röhren (e) werden gemeinschaftlich durch ein als Halter für das Instrument dienendes Rohr (d) geführt, und die aus dem Halterrohr austretenden Enden der beiden Röhren (e) sind entweder wie in Fig. 4 mit Schlauchdüllen oder sonstigen Rohrverbindungsvorrichtungen versehen.

Wird nun jede dieser Rohrleitungen (e) mit einem der Schenkel eines Micromanometers A, Fig. 4, verbunden, so kann aus der Grösse des Ausschlages an der Micromanometerscala auf die Geschwindigkeit der Luft oder der Gase geschlossen werden. Diese Methode, die Geschwindigkeit eines Luftstromes durch Einbringung einer Stauscheibe in denselben zu bestimmen, ist erst durch die grundlegenden Versuche von Prof. G. Recknagel ermöglicht worden.[1][2]

In welcher Weise die Staupressung von der Geschwindigkeit und der Dichtigkeit der bewegten Luft abhängig ist, zeigte Prof. Recknagel, indem er nachwies, dass die Stauüberpressung (p_0) in Millimetern Wassersäule, welche Luft auf der Vorderseite in der Mitte einer Scheibe erfährt, wenn sie senkrecht auf diese Scheibe mit einer Geschwindigkeit v trifft, beträgt

$$p_0 = \frac{v^2}{2g} \cdot s$$

wobei s das Gewicht eines Cubicmeters der strömenden Luft und g die Beschleunigung der Schwere (9,81 m) bedeutet.

---

[1] Ueber Luftwiderstand von G. Recknagel — Wiedemanns Annalen der Physik und Chemie — Bd. X, S. 677 (1880).

[2] Ueber Luftwiderstand von Prof. G. Recknagel — Zeitschrift des Vereines deutscher Ingenieure — Bd. XXX, S. 489. Juni 1886.

2

Ebenso ist durch Prof. Recknagel ebenda festgestellt, dass hinter einer Scheibe, die auf der Vorderseite von einem Luftstrom mit Geschwindigkeit v getroffen wird, in der Mitte der Scheibe eine Stauunterpressung (p_1) von der Grösse

$$p_1 = 0{,}37 \, \frac{v^2}{2g} \cdot s$$

erzeugt wird. Mithin beträgt die durch die Luftgeschwindigkeit v erzeugte Pressungsdifferenz p zwischen Vorn und Hinten in der Mitte der Scheibe

$$p = p_0 + p_1 = 1{,}37 \, \frac{v^2}{2g} \, s$$

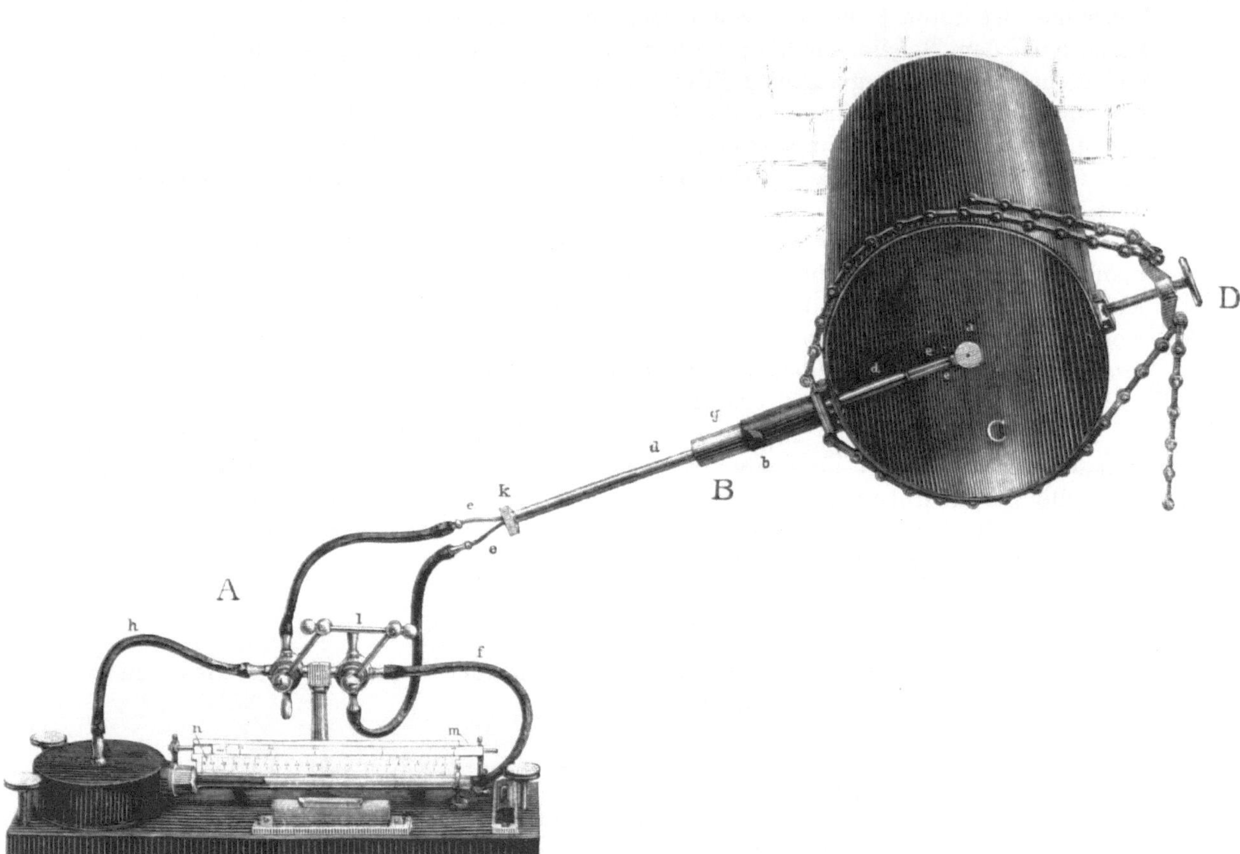

und die dieser Pressungsdifferenz p entsprechende Luftgeschwindigkeit

$$v = \sqrt{\frac{2g}{1{,}37 \cdot s} \cdot p}.$$

Werden in diese Formeln die Zahlenwerthe von $g = 9{,}81$ m und für Luft von normaler Dichtigkeit bei 0° und 760 mm Barometerstand $s = 1{,}293$ kg eingesetzt, so ergiebt sich

$$p = 0{,}0904 \cdot v^2$$

$$v = 3{,}33 \, \sqrt{p}.$$

Die Tabelle I im Anhang enthält die verschiedenen Geschwindigkeiten v entsprechenden Werthe von p. Zur Bequemlichkeit ist in derselben Tabelle auch p in Millimetern der verschiedenen Scalen der gebräuchlichsten Neigungsverhältnisse der Micromanometer ausgedrückt.

Die Werthe der Tabelle I sind direct nur für Luft von 1,293 kg Dichtigkeit giltig, d. i. für Luft von 0° und 760 mm Barometerstand. Mit Hilfe der Tabellen II, III, IV und V jedoch können dieselben leicht für jede andere Temperatur und anderen Barometerstand durch einfache Multiplication oder Division umgerechnet werden, z. B. für Luft von 30°, 730 mm Barometerstand und 1,1 m Geschwindigkeit ist der in Tabelle I für $v = 1,1$ und Luft v . 0° und 760 mm Barometerstand angegebene Werth von $p = 0,1097$ mm mit dem aus Tabelle II sich ergebenden relativen Luftgewicht bei 30° und 730 mm Spannung $= 0,865$ zu multipliciren, was $p_{300} = 0,1097 \times 0,865 = 0,0947$ mm ergiebt.

Bei einer Temperatur von 500° aber und 760 mm Spannung würde mit Benutzung der Tabelle IV für dieselbe Geschwindigkeit $v = 1,1$ m $p_{500}° = 0,353 \times 0,1097 = 0,0387$ mm sein.

Umgekehrt ist bei einer Temperatur der Luft am Pneumometer von 300° und 760 mm Spannung sowie einer Staupressung von 0,120 mm am Micromanometer, diese Staupressung zuvor mit dem für Luft von 300° aus Tabelle IV entnommenen Werth 0,476 zu dividiren, was $\dfrac{0,120}{0,476} = 0,253$ mm ergiebt. Dieser Werth von p ergiebt aus Tabelle I das entsprechende v, in diesem Falle 1,67 m (durch Interpolation) ist die gesuchte Geschwindigkeit.

Die Geschwindigkeit desselben Luftquantums jedoch auf 0° abgekühlt, würde
$$1,67 \times 0,476 = 0,795 \text{ m betragen.}$$

Bei den gewöhnlichen Controlmessungen der Luftgeschwindigkeit in Canälen von Lüftungsanlagen, bei Wetterführungen, in Gebläseleitungen und dergl. kommen grosse Temperaturschwankungen nicht vor, und auch die durch Veränderungen im Barometerstand entstehenden Fehler sind nicht einschneidend, es kann für solche Fälle der Einfachheit wegen anstatt der Berechnung durch Tabellen, wie eben gezeigt, eine für mittlere örtliche Temperatur und für mittleren örtlichen Barometerstand hergestellte Gleitscale, Fig. 2, zur Verwendung kommen (siehe Seite 24), welche ganz direct die Ablesung der Luftgeschwindigkeit gestattet. Die bei einer solchen Messmethode entstehenden Vernachlässigungen sind nicht grösser als die, welche bei der Messung des Volumens des Leuchtgases durch die gebräuchlichen Gasmesser eintreten. Bei den Gasmessern werden ebenfalls weder Temperatur- noch Barometerschwankungen berücksichtigt.

Es ist für die practische Verwendung des Pneumometers in allen obigen Fällen von Wichtigkeit, dass die jeweilige Geschwindigkeit des Luftstromes direct am Apparat abgelesen werden kann, da selbst die durch die Anwendung der Hilfstabellen so ausserordentlich vereinfachte Berechnung der Geschwindigkeit für das gewöhnlich zur Bedienung derartiger Apparate zur Verfügung stehende Personal zu complicirt ist. Die Möglichkeit der directen Ablesung des Messungsresultates wie bei den Thermometern ist eine absolut zu erfüllende Vorbedingung für die allgemeine Einführung derartiger Instrumente.

Obgleich es möglich war, auf der von Professor Recknagel geschaffenen Grundlage und mit den von ihm in Anwendung gebrachten Vorrichtungen die Geschwindigkeit der Luft durch Messung der Staupressungen zu ermitteln, konnten diese

Vorrichtungen doch keine allgemeine praktische Verwendung finden, einmal weil sie nicht geeignet waren, im Innern von Canalleitungen aufgestellt zu werden und dann weil die Grösse der Aufstaupressung — p — für die in Lüftungsanlagen meistens vorkommenden Geschwindigkeiten eine so kleine ist, dass sie mit gewöhnlichen Manometern und selbst mit dem Recknagel'schen nicht mehr gemessen werden kann, da die Scalenausschläge zu gering werden (siehe Seite 7). — So ist z. B. für die meistens in Lüftungscanälen vorkommende Luftgeschwindigkeit von 1 m pro Sec. der durch das Manometer zu messende Werth der Aufstaupressung (Tabelle I) $p = 0,092$ mm. Bei dem Manometer von Recknagel, wenn dasselbe bis zur Grenze der zulässigen Uebersetzung, d. i. auf $^1/_{50}$ Neigung, eingestellt wird, ergiebt diese Luftgeschwindigkeit von 1 m einen Scalenausschlag von $50 \times 0,092 = 4,6$ mm.

Für das A-Micromanometer von $^1/_{400}$ Steigung beträgt dagegen der Scalenausschlag für den gleichen Fall $400 \times 0,092 = 36,7$ mm.

Da aber auch Luftgeschwindigkeiten von 0,5 m noch gemessen werden müssen, wobei der Scalenausschlag für Manometer Recknagel bei $^1/_{50}$ Steigung 1,145 mm, für das A-Micromanometer mit $^1/_{400}$ Steigung aber immer noch 9,16 mm beträgt, so ist es ersichtlich, dass die Messung von Luftgeschwindigkeiten nach der von Professor Recknagel ermöglichten Methode erst dann eine practische Verwendung finden konnte, wenn es gelang, noch $^1/_{400}$ mm Wassersäulenpressung mit Sicherheit erkennbar zu messen, was durch das Micromanometer erreicht worden ist.

Auf Fig. 4 ist die Art und Weise zu ersehen, wie ein Pneumometerkopf zu Versuchszwecken in ein metallenes Luftleitungs- oder auch Rauchrohr eingesetzt wird. Das Halterrohr (d) Fig. 4 wird von einem zweitheiligen, in der Längsrichtung in Hälften gespaltenen, durch ineinandergreifende Knaggen gegen Längsverschiebung der Hälften gesicherten Futterrohr (g) umgeben, welches auf dem Rohr (d) verschieblich ist und dazu dient, das Instrument bequem in das Luftleitungsrohr (C) einführen zu können.

Der Durchmesser des halbirten Futterrohres (g) und die Innenweite des Führungsrohres (b), in welches g hineinpasst, wird so gross gewählt, dass das Einbringen der Stauscheibe (a) möglich ist.

Während des Versuches verschliesst das bis zur Rohrwand vorgeschobene Stirnende des Futterrohres (g), welches durch eine Stellschraube festgehalten wird, die Oeffnung des Führungsrohres in der Wand des Luftleitungsrohres (C).

Der auf Fig. 4 mit D bezeichnete Hilfsapparat dient zur schnellen Befestigung des Führungsrohres (b) an Luftleitungsröhren verschiedenen Durchmessers, vermittelst um das Rohr geschlungener Gliederketten, welche durch Hakenbügel und Spannschraube angespannt werden.

Bei permanenter Aufstellung des Apparates wird das Rohr (b) direct in die Rohrwandung eingeschraubt oder anderweitig befestigt. — Bei gemauerten Canälen wird das Rohr (b) in eine zur Canalrichtung senkrechte Durchbohrung der Canalwand eingelegt und darin vergossen.

Um die Lage der Aufstauscheibe (a), Fig. 4, im Inneren des Canales von ausserhalb controlliren und richtig einstellen zu können, ist auf dem Halterrohr (d) eine Richtfläche (k) befestigt, welche zur Stauscheibenfläche parallel steht.

Die Pneumometermundstücke werden jetzt in zwei Grössen zur Ausführung gebracht — mit einem Stauscheibendurchmesser von 11 mm und Rohrweite von 1 mm für Messungen in engen Röhren unter 200 mm Durchmesser — und mit einem Scheibendurchmesser von 22 mm und einer Weite der Rohre (e) von 2 mm für alle Canalweiten von 200 mm und mehr. Die Länge des Halterrohres (d) wird nach

Bedarf angefertigt, für gewöhnlich aber 250 mm lang bei dem kleineren Instrument und 360 mm lang bei dem grösseren Instrument. — Die ganze Länge des kleinen Instrumentes beträgt dann 340 mm, des grösseren 485 mm.

Das zu dem Pneumometerkopf gehörige Micromanometer braucht nicht in unmittelbarer Nähe desselben aufgestellt zu werden, es kann eine abliegende, helle und sonst geeignete Stelle für das Micromanometer ausgesucht werden, doch muss die Unterlage für dasselbe fest und unverrückbar sein.

Die Verbindungen vom Pneumometerkopf nach dem Micromanometer werden bei fester Aufstellung des Instrumentes am besten aus Metallrohren hergestellt; $^1/_4$ Zoll eisernes Gasrohr mit Muffenverschraubung ist sehr geeignet.

Wird das Pneumometer nur zu Versuchszwecken zeitweilig aufgestellt, so wird die Rohrverbindung zwischen Mundstück und Micromanometer gewöhnlich durch 4 mm bis 6 mm weite Gummischläuche hergestellt.

Es ist mit Sorgfalt darauf zu achten, besonders wenn die Stauscheibe und das zugehörige Micromanometer in verschiedenen Höhenlagen aufgestellt werden, dass die beiden Verbindungsröhren (e) unter genau gleichartigen Bedingungen bezüglich eventueller Erwärmung oder Abkühlung geführt werden, weshalb es zu empfehlen ist, beide Röhren (e) dicht nebeneinander in einer gemeinschaftlich durch Wärmeschutzmasse isolirten Umhüllung zu führen.

Der eventuell durch ungleiche Temperatur der Zuleitungsröhren (e) oder durch andere Ursachen entstehende Fehler kann auf einfache Weise dadurch ermittelt werden, dass nach Schliessung des Regulirschiebers im Luftleitungskanal, in welchem die Stauscheibe aufgestellt ist, die Geschwindigkeit der Luft im Canal auf Null gebracht wird. Es darf dann, wenn durch Umstellung der Hähne (n), Fig. 2, am Micromanometer die beiden Manometerschenkel abwechselnd mit dem Aufstellungsraum des Micromanometers, oder mit den Rohrleitungen zur Stauscheibe in Verbindung gesetzt werden, der Nullpunkt der Scale sich nicht verändern.

Weil es möglich und zulässig ist, das Micromanometer ziemlich weit von der Stauscheibe im Luftcanal anzubringen, ergiebt sich der für die Regulirung von Lüftungsanlagen grosse Vortheil, dass das Micromanometer an der Stelle aufgestellt werden kann, an welcher sich die Vorrichtung zur Regelung der Luftgeschwindigkeit angebracht findet.

Wenn an derselben Stelle, was gemeinhin nicht schwer zu erreichen, auch die Regulirvorrichtung der die Zuluft erwärmenden Heizfläche und ein die Temperatur der erwärmten Zuluft anzeigendes Winkelthermometer angebracht wird, so sind nicht nur alle Hilfsmittel für die leichte und übersichtliche Controlle der Lüftungsanlage an einem Punkt vereint, sondern es kann auch die Regulirung der Anlage von dieser Stelle aus von Personen geschehen, welche von dem Betrieb und den Einrichtungen derartiger Anlagen keinerlei Kenntniss besitzen.

Nur da, wo die Mittel zur jederzeitigen Controlle des Ganges einer Lüftungsanlage vorhanden sind, kann erwartet werden, dass die Anlage auch zweckentsprechend bedient werde. Wegen Mangels solcher Controllvorrichtungen bleiben nicht selten sonst taugliche Lüftungsanlagen ohne Benutzung oder leisten doch nicht das was mit Recht, entsprechend, den oft bedeutenden für deren Herstellung aufgewandten Mitteln, verlangt werden darf.

Unter Umständen kann es angezeigt erscheinen, für mehrere an verschiedenen Stellen einer Anlage aufgestellte Pneumometerköpfe ein gemeinschaftliches Micromanometer zu verwenden, wie dies bei der Lüftungsanlage der neuen dreistöckigen Volksschule in der Loschgestrasse in Erlangen geschehen ist. Dort sind nach einem

im Corridor des untersten Stockwerkes aufgestellten A. Micromanometer (*d*) Fig. 5
die Rohrleitungen dreier Pneumometermundstücke, von welchen eines im centralen
Abluftschornstein unter Dach (Rohrleitungen (*a*) Fig. 5) und die beiden anderen in
den Hauptzuluftcanälen aufgestellt sind, welche aus den Luftkammern führen. Die
zugehörigen Rohrleitungen sind auf Fig. 5 mit (*b*) und (*c*) bezeichnet.

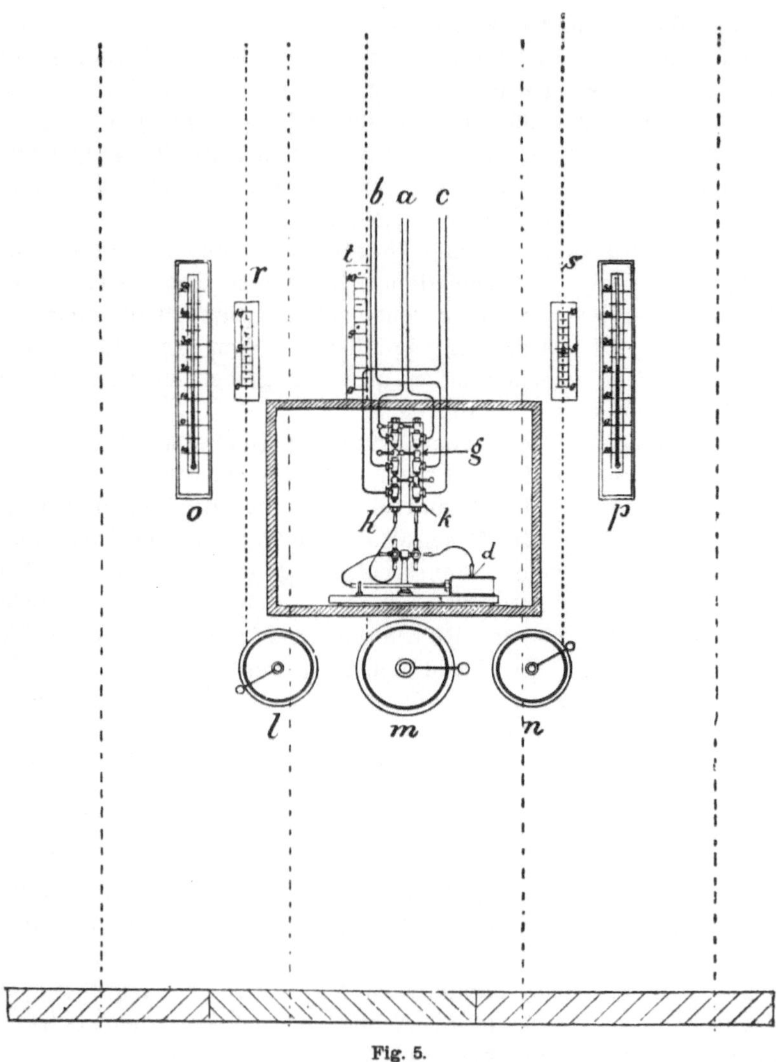

Fig. 5.

Die abwechselnde Verbindung jeder einzelnen der 3 Pneumometerscheiben mit
dem Micromanometer (*d*) wird durch eine spezielle Hahnanordnung (*g*) vermittelt.
Es werden die 3 zu den Vorderseiten der Stauscheiben führenden Rohrleitungen
nach einem gemeinschaftlichen Rohrstück (*h*) geführt und vor der Einmündung in
dieses Rohrstück jede mit einem Winkelabsperrhahn versehen. In gleicher Weise
werden die 3 nach den Hinterseiten der Stauscheiben führenden Rohrleitungen an
das Rohrstück (*k*) angeschlossen. Die paarweise nebeneinander gelegten, demselben
Pneumometerkopf zugehörenden Absperrhähne auf den Rohrstücken (*h*) und (*k*)
können, da die Kükenhebel derselben in ähnlicher Weise wie bei den Hähnen (*n*),

Fig. 2, durch gemeinschaftliche Stangen verbunden sind, gleichzeitig geöffnet oder geschlossen werden.

Das Rohr (*h*) und (*k*) Fig. 5 ist durch Gummischlauch in üblicher Weise mit den Umschaltehähnen des Micromanometers (*d*) verbunden. Um die Geschwindigkeit an einer der drei Stauscheiben zu messen, werden die zugehörigen Hähne an den Röhren (*h*) und (*k*) geöffnet, die beiden übrigen Hahnenpaare aber geschlossen und dann in der gewöhnlichen Weise verfahren. Unter dem in einem Holzkasten mit Glasthüre aufgestellten Micromanometer (*d*) Fig. 5 sind drei Kurbelmechanismen zur Bewegung der Klappen behufs Regulirung der Luft angebracht. Die Vorrichtung (*m*) regulirt die Oeffnung des gemeinschaftlichen Auszugsschornsteines, durch die Vorrichtungen (*l*) und (*n*) können die Zuluftklappen an den Luftvorwärmekammern bewegt werden. An den Scalen (*r*), (*t*), (*s*) kann die jeweilige Stellung der durch (*l*), (*m*), (*n*) bewegten Klappen abgelesen werden.

Das Pneumometer ist gegenüber dem Anemometer, dem einzigen Instrument, durch welches bisher die Geschwindigkeit bewegter Luft gemessen werden konnte, in vieler Beziehung im Vortheil. Das Pneumometer mit compensirter Gleitscala zeigt immer direct die eben herrschende Geschwindigkeit an, das Anemometer dagegen giebt nur Durchschnittswerthe an. Wie aus den angestellten Versuchen (Seite 29) hervorgeht, sind ausserdem die Messungen durch das Pneumometer viel zuverlässiger als Messungen mit dem Anemometer. Ein weiterer Vorzug des Pneumometers ist der, dass die Stauscheibe in Röhren von so geringer Weite verwendet werden kann, in welchen Messungen mit dem Anemometer nicht mehr ausgeführt werden können.

Das Pneumometer ist ferner verwendbar bei der Messung grosser Luftgeschwindigkeiten, wie solche in Gebläserohren vorkommen, für welchen Zweck taugliche Anemometer nicht vorhanden sind. Es ermöglicht auch, die Geschwindigkeit des Leuchtgases in den Hauptrohrnetzen zu controlliren.

Mit dem Pneumometer kann die Geschwindigkeit von hoch erhitzter Luft bis zu den höchsten erreichbaren Temperaturen gemessen werden. Für diesen Fall ist es nur erforderlich, den Pneumometerkopf aus einem Material herzustellen, welches bei der im Canal herrschenden Temperatur nicht Schaden leidet.

Das Pneumometer erfordert nicht wie das Anemometer eine wiederkehrende Justirung durch besondere Vorrichtungen, auch kann es, da keinerlei bewegliche Theile wie Zapfen und Schneiden vorhanden, nicht leicht beschädigt werden.

Für die verschiedenen vorkommenden Luftgeschwindigkeiten kann immer derselbe Pneumometerkopf gebraucht werden, doch sind Micromanometer verschiedener Steigung erforderlich.

Für Geschwindigkeiten bis	2 m	Micromanom.	A	$^1/_{400}$
,,	,,	,, 3 ,,	,,	B $^1/_{200}$
,,	,,	,, 4 ,,	,,	C $^1/_{100}$
,,	,,	,, 6 ,,	,,	D $^1/_{50}$
,,	,,	,, 13 ,,	,,	E $^1/_{10}$
,,	,,	,, >13 ,,	ein gewöhnliches Flüssigkeitsmanometer ohne Uebersetzung.	

Um einen Ueberblick über die beiläufige Grösse der Theilungen auf den Gleitscalen der Micromanometer zu geben, sind in Fig. 6 dieselben für die Steigungen

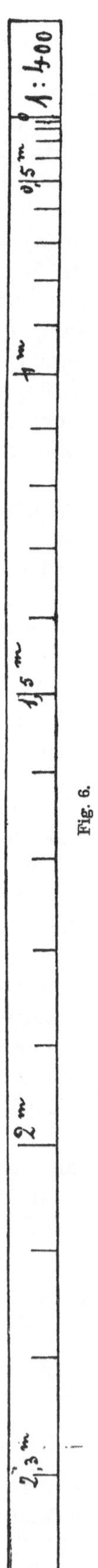

Fig. 6.

1 : 400, 1 : 200, 1 : 100, 1 : 10 und 1 : 1 für Luft von 0° bei 760 mm Barometerstand aufgezeichnet.

Controlversuche.

Obgleich die von Professor G. Recknagel ausgeführten Versuche betreffs Ver-
theilung der Staupressungen über die Flächen von Luftströmungen ausgesetzten
Scheiben, schon hingereicht haben würden, um die Richtigkeit der Messungen eines
auf Grundlage dieser Versuche hergestellten Instrumentes zu verbürgen, hielt ich es
doch für angezeigt, durch direkte Versuche die durch solche Pneumometerköpfe
verschiedener Dimension erhaltenen Geschwindigkeitsangaben, sowohl unter sich als
auch mit den Angaben von Anemometern zu vergleichen.

Die zum Vergleich verwendeten Anemometer sind beide von R. Fuess in Berlin
gefertigt. Das eine No. 1 mit grossem Windrad und Glimmerflügeln von 150 mm
Diameter des Schutzringes (No. 5 des Preisverzeichnisses) von grosser Empfindlichkeit mit Zählwerk, Schnurarretirung. Correction + 3 m pro Minute. Das andere
Anemometer No. 2 mit Aluminiumflügeln, 70 mm Diameter des Schutzringes, Zählwerk mit Schnurarretirung und ausserdem mit Vorrichtung, welche nach je 100 m
Vorschreiten des Zeigers auf dem Zifferblatt einen elektrischen Contact giebt. No. 4
des Preisverzeichnisses. Correction + 8 m pro Minute. Die Correctionen sind von
Fuess bei Lieferung des Instrumentes bestimmt worden.

Durch den durch Anemometer No. 2 hergestellten Contact konnten auf einem, auf
durch Uhrwerk angetriebener rotirender Scheibe aufgelegten Papierblatt, vermittelst
einer bei jedem Contact auf dem Papierblatt einen Punkt hervorbringenden Schreibfeder, Diagramme selbstthätig aufgezeichnet werden, welche eine Controlle über den
Gang des Anemometers ermöglichten.

Bei den Versuchen jedoch wurde der Schreibapparat nicht zur Verwendung
gebracht, es wurde nur mit Hilfe dieses Apparates, nach dem Geräusch, welches bei
jedem Contact die niedergehende Schreibfeder erzeugte, die Anzahl der
zwischen zwei Contacten verflossenen Secunden an einer Secundenuhr
beobachtet, da es sich im vorliegenden Falle nur darum handelte, zu con-
statiren, ob eine Veränderung der Geschwindigkeit des Luftstromes ein-
getreten war.

Fig. 7.

Die zu den vergleichenden Versuchen benutzten 4 Pneumometerköpfe, noch nach der früher denselben von mir gegebenen Form (Fig. 7)
hergestellt, hatten auf der Vorderseite der Stauscheibe eine Einbohrung
im Centrum. Auf der Rückseite der Scheibe war diese Einbohrung etwas
excentrisch, jedoch möglichst nahe zur Mitte gestellt. Nach den Versuchen Professor Recknagel's ist die Stauunterpressung auf der Rückseite
der Stauscheibe, bis nahe zum Rande eine gleichförmige, weshalb diese
excentrische Lage der Einbohrung auf der Rückseite als zulässig erachtet
wurde. Nachfolgend (s. Tabelle S. 26) sind die Hauptdimensionen der Ver-
suchsapparate verzeichnet.

Zur Anstellung vergleichender Versuche war es in erster Linie erforderlich, die
Apparate in einen möglichst gleichförmigen Luftstrom einsetzen zu können. Der
zuerst ausgeführte Versuchsapparat bestand aus einem horizontalen Blechrohr,
welches durch Rohrleitung mit einem durch Gasflamme beheizbaren Hausschornstein
verbunden wurde. Es war mit dieser Einrichtung nicht möglich, einen gleichmässigen
Luftstrom in dem horizontalen Blechrohr zu erzielen, da nicht nur jeder geringfügige Windstoss, sondern auch das Oeffnen der Hausthüre, auch wenn die Zimmer-

Tabelle
der Dimensionen der zu den vergleichenden Versuchen verwandten Pneumometerköpfe.

Bezeichnung der Theile	Be-zeichnung in Fig. 7	Pneumometerkopf No.			
		I mm	II mm	III mm	IV mm
Stauscheibendurchmesser	a	11,6	18,5	35,5	50,5
Scheiben-Dicke	—	4	3,8	5,5	7,5
Innenweite der Röhren und Bohrungen . . .	—	1	1	2	3
Aussendurchmesser der Röhren	—	2,8	2,8	4	6
Durchmesser des Halterrohres	h	10	10	17	27
Excentricität der Bohrung auf der Rückseite	—	$1^{1}/_{2}$	2	4,4	5,5
Länge	e	41	49	65	72
Länge	f	280	500	700	995
Gesammtlänge	g	375	600	840	1165

thür des Beobachtungsraumes geschlossen war, bedeutenden oder doch höchst störenden und unzulässigen Einfluss auf den Gang der Versuche hatte. Erst nachdem ein Versuchsapparat zur Erzeugung der Luftströmung hergestellt war, dessen Einmündung und Ausmündung in dem Versuchsraum selbst lag, waren diese schädlichen Einflüsse behoben.

Für den ersten Versuchsapparat waren Lufträhren, deren Durchmesser gleich dem inneren Durchmesser des Schutzringes der Anemometer No. 1 und 2 hergestellt worden, an deren Mündung die Anemometer dicht angesetzt waren. Doch waren auch mit dieser Einrichtung richtige Messungen mit den Anemometern nicht zu erzielen, wie das bereits Professor Rietschel unter gleichen Verhältnissen constatirt hat[1]).

Der bei den vergleichenden Versuchen in Anwendung gebrachte Apparat ist in Fig. 8 dargestellt. Derselbe besteht aus einem Winkelrohr aus Weissblech von 308 mm innerem Durchmesser. Das Rohr ist durch aussen aufgelöthete Wulste verstärkt. Der eine Schenkel des Winkelrohres ist horizontal, der andere vertical aufgestellt. Am Fusse des verticalen Schenkels bei E, Fig. 8, ist ein Gasbrenner eingesetzt, wie solche in Kochapparaten benutzt werden. Durch Anzünden dieses Brenners wurde in dem horizontalen Rohrschenkel ein constanter Luftstrom erzeugt, welcher zu den Zwecken des Versuchs erforderlich war. An den Stellen A, D und B in 130 mm, 510 mm und 930 mm Abstand vom Rohrende sind Vorrichtungen zum Einbringen der Anemometer und der Pneumometerköpfe angebracht. Die Vorrichtung zum Einbringen der Anemometer besteht in einem radial und senkrecht zur Rohraxe stehenden Ansatzrohr (a), Fig. 9, welches als Führung für eine Metallstange (b) dient, an deren unterem Ende die Anemometer angeschraubt werden können. Die genau richtige Einstellung des Anemometers wird durch diese Einrichtung sehr erleichtert.

Für das Einbringen der Pneumometerköpfe in das Versuchsrohr dient ebenfalls ein äusseres Ansatzrohr (c), Fig. 10, dessen Axe genau mit der Axe des Ansatzrohres

---

[1]) Rietschel „Leitfaden z. Berechnung v. Lüftungs- und Heizanlagen" 1893. Bd. I. S. 261.

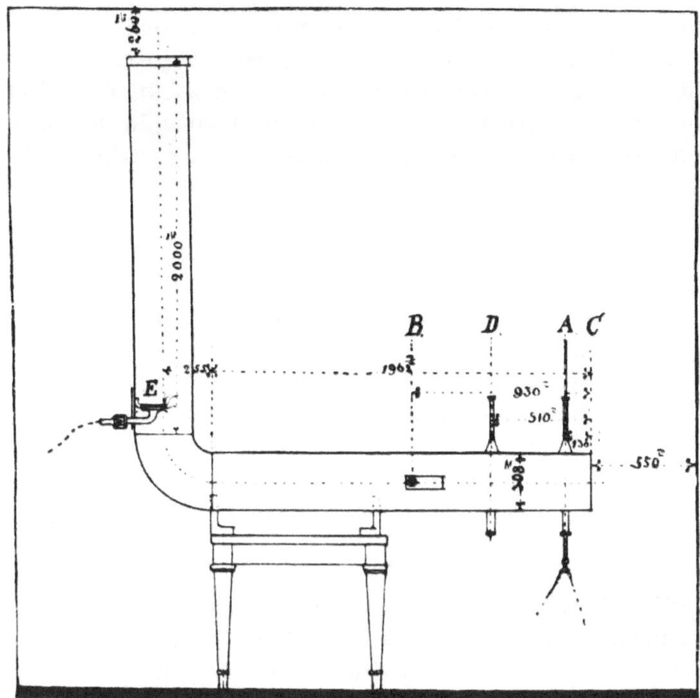

Fig. 8.

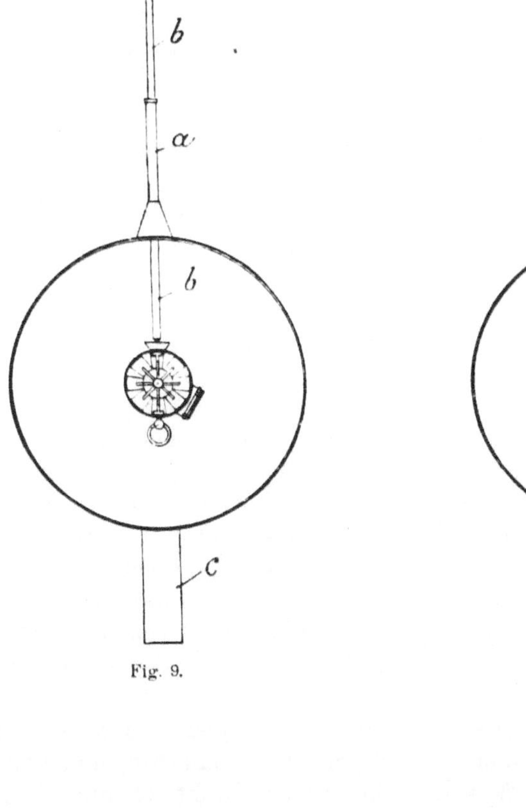

Fig. 9.

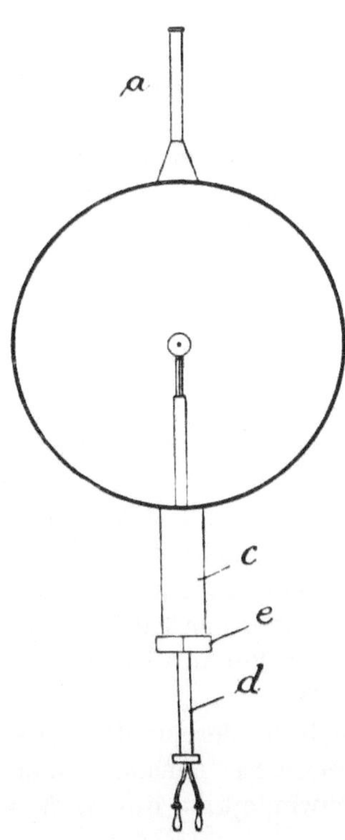

Fig. 10.

(*a*) für das Anemometer zusammenfällt und demselben diametral gegenüberliegt. Das Ansatzrohr *c* ist weit genug, um auch die grösste Stauscheibe der Pneumometerköpfe durch dasselbe in das Versuchsrohr einführen zu können. Der zwischen Ansatzrohr (*c*) und dem Halterrohr (*d*), Fig. 10, freibleibende Raum wird durch hölzerne, der Länge nach zweitheilige Beilagen (*e*) mit Ansatzflansche ausgefüllt. Für jeden Halterrohrdurchmesser ist ein besonderes Paar der Beilagen (*e*) erforderlich. Wenn die Flansche der hölzernen Beilage dicht an das Rohr *c* hereingeschoben ist, so schliesst das innere Ende der Beilage die Oeffnung der Einmündung des Ansatzrohres *c* in das Versuchsrohr bündig ab.

Bei den Stellen *A* und *D*, Fig. 8, stehen bei dem Versuchsapparat die Axen der Ansatzröhren (*a* und *c*) vertical, bei *B* horizontal.

Die Dimensionen des Führungsrohres (*a*), Fig. 10, und der Holzbeilagen *e* sind derartig hergestellt, dass die Verschiebung und Verdrehung des Halterrohres und der Stange (*b*), welche nur durch Reibung gehalten werden, zwecks genauer Einstellung der Instrumente nicht zu grosse Kraftanstrengung erfordert, aber auch so dicht gehen, dass eine selbstthätige Verrückung der Instrumente während des Versuches nicht zu befürchten ist.

Die vergleichenden Versuche über die Geschwindigkeitsangaben der 2 Anemometer und der 4 Pneumometer, bei gleichbleibender Luftgeschwindigkeit in dem Versuchsrohr, Fig. 8, wurden in der Weise ausgeführt, dass das Contactanemometer No. 2 während der Dauer der vergleichenden Versuche im Centrum des Querschnittes *A*, Fig. 8, zur Controle aufgestellt war, um durch die Beobachtung der zwischen 2 Contacten verfliessenden Zeiträume festzustellen, ob sich die Luftgeschwindigkeit im Rohre verändert habe. In dem Centrum des Querschnittes bei *B* dagegen wurden abwechselnd das Anemometer No. 1 und die Pneumometerköpfe No. I, II, III, IV aufgestellt und die Angaben der Instrumente notirt.

Die von Contact zu Contact, während der im Laufe zweier Tage ausgeführten Versuche, verflossene Zeit variirte überhaupt nur zwischen 68 Secunden und 71 Secunden.

Bei den Beobachtungen mit dem Anemometer No. 1 im Querschnitt *B* wurde die Geschwindigkeit durch wiederholte, eine Minute dauernde Beobachtungen, festgestellt und das Mittel aus diesen Versuchen genommen.

Zu den Versuchen mit den 4 Pneumometerköpfen wurde ein Micromanometer *B* — $^1/_{200}$ Steigung verwandt, da ich zur Zeit als diese Versuche angestellt wurden, noch nicht im Besitz eines Micromanometers *A* $^1/_{400}$ Steigung war. Es wurde bei sämmtlichen Pneumometer-Versuchen darauf gesehen, dass möglichst die gleiche Strecke der Scale des Messrohres am Micromanometer in Gebrauch kam.

Für jeden Pneumometerversuch wurde die mittlere Temperatur der an der Stauscheibe vorbeifliessenden Luft, sowie der Barometerstand beobachtet und die Geschwindigkeit mit Berücksichtigung dieser Daten bestimmt. Der Feuchtigkeitsgehalt der Luft wurde nicht gemessen und dessen Einfluss vernachlässigt, da der Rechnung vollkommen trockene Luft zu Grunde gelegt wurde, unter welcher Voraussetzung auch die Daten der Tabellen II und III berechnet sind. Der Barometerstand variirte während der Versuche nur von 741 mm bis 741,5 mm. Die Temperatur der Luft von 19° bis 23°.

Nachdem sich im Verlauf der Versuche herausgestellt hatte, dass, falls nur der Gasdruck des Brenners constant blieb, die durch das Contactanemometer No. 2 controllirte Geschwindigkeit des Luftstromes im Versuchsrohr ebenfalls constant war, wurde nach Beendigung der Versuche im Querschnitt B mit dem Anemometer No. 1 und den 4 Pneumometerköpfen das controllirende Contactmanometer No. 2 aus dem Querschnitt A entfernt und ebenfalls im Centrum des Querschnittes B behufs Messung der dort stattfindenden Geschwindigkeit aufgestellt, wobei controllirt wurde, dass der Gasdruck vor dem Gasbrenner constant blieb. Es war anzunehmen, dass die Geschwindigkeit der Luftströmung im Luftrohr auch in diesem Fall die gleiche war als vorher, als dieselbe durch das Contactanemometer No. 2, im Querschnitt A aufgestellt, controllirt wurde.

Die Endresultate der Versuche sind in folgender Tabelle enthalten:

Tabelle

der Resultate vergleichender Versuche von Geschwindigkeitsmessungen im Luftstrom von gleichbleibender Geschwindigkeit, durch 2 Anemometer und 4 Pneumometer verschiedener Dimensionen.

Bezeichnung des Messinstrumentes	Durch B-Micromanometer ermittelte Pressungsdifferenz $^1/_{200}$ mm mm	Dichtigkeitscorrection wegen Temperatur und Barometerstand	Corrigirte Pressung in mm	Gemessene Geschwindigkeit der Luft m
Pneumometer No. IV	20	1,10	0,110	1,094
Pneumometer No. I	20	1,106	0,1106	1,096
Pneumometer No. III	19,75	1,115	0,1088	1,086
Pneumometer No. II	21	1,12	0,111	1,099
Anemometer No. 1	—	—	—	1,18
Contact-Anemometer No. 2	—	—	—	1,145

Vorliegende Resultate der vergleichenden Versuche mit Pneumometerköpfen von sehr verschiedenen Dimensionen ergeben eine Uebereinstimmung in den Angaben, wie solche kaum erwartet werden konnte.

Allerdings stimmen die Pneumometermessungen mit den Angaben des Anemometers No. 1, welches $+ 8{,}6\,^0/_0$ grössere Geschwindigkeit, und des Anemometers No. 2, welches $+ 5^0/_0$ grössere Geschwindigkeit angiebt, nicht so gut überein.

Wenn man jedoch die von Prof. Recknagel bezüglich des sogenannten Mitwindes gemachten Beobachtungen[1]) in Betracht zieht, welcher Mitwind bei der üblichen Prüfungsmethode in den Anemometerformeln nicht berücksichtigt wird, weshalb die Geschwindigkeitsangaben der Anemometer zu gross ausfallen müssen, so ist die Abweichung in den Angaben beider Arten von Instrumenten erklärlich. Zu gleichem Resultate kam auch die Gard-Commission[2]) nach eingehenden Versuchen

---

[1]) a) Recknagel über Luftwiderstand — Wiedemanns Annalen der Physik und Chemie, Bd. X, 1880, S. 677. b) Recknagel über Luftwiderstand. Zeitschrift des Vereins deutscher Ingenieure, Bd. XXX, No. 24 vom 24. Juni 1886, S. 517.

[2]) Althaus, Anwendung der Gesetze der Wetterbewegung auf Ventilatoruntersuchungen. Zeitschrift für Berg-, Hütten- und Salinenwesen im preussischen Staate. Bd. XXXII, Heft I, S. 183.

mit Grubenventilatoren, aus welchen sie folgert: „Dass die Anemometermessungen beständig übertriebene Resultate liefern".

Die Abweichung der Messresultate durch Anemometer von den durch Pneumometermessungen erhaltenen, ist demnach hinreichend aufgeklärt.

Die übereinstimmenden Resultate der Geschwindigkeitsmessungen mit den vier so verschieden dimensionirten Pneumometern, Instrumenten, welche nicht wie die Anemometer so zu sagen mit einem persönlichen Coefficienten behaftet sind, geben mir nach allem vorstehend Erörtertem die Berechtigung, die Pneumometermessungen, gegenüber den Messungen mit Anemometern, als die richtigeren und zuverlässigeren anzunehmen.

Vertheilung der Luftgeschwindigkeit im Rohrquerschnitt.

Schon bei dem Beginn der Versuche mit dem Luftleitungsrohr, Fig. 8, ehe noch die Pneumometer mit dem Anemometer verglichen waren, ergab sich durch Messungen mit dem Anemometer, dass die Unterschiede der gleichzeitig bei A und bei B, Fig. 8, in der Rohrmitte gemessenen Geschwindigkeiten sehr grosse waren.

Um den Einfluss, welcher durch Fehler in der Anemometerformel hätte entstehen können, zu eliminiren, wurden bei Einhaltung möglichst gleicher sonstiger Bedingungen die Anemometer 1 und 2 wechselsweise in der Aufstellung in der Rohrmitte bei A und B ausgetauscht; es ergab sich als Mittel einer grösseren Reihe von Versuchen, dass die Geschwindigkeit der Luft im Centrum bei A um $\sim 56\,^0/_0$ grösser ist, als die gleichzeitig bei B im Rohrmitel gemessene Geschwindigkeit.

Da jedoch durch die Querschnitte A und B die gleiche Quantität Luft strömt, so konnte diese Thatsache nur dadurch erklärt werden, dass die Geschwindigkeiten an anderen nicht im Centrum gelegenen Stellen des Querschnittes A viel geringer sein müssten, als im Querschnitt B. Versuche, welche nach dieser Richtung hin durch Messung der Geschwindigkeit bei ganz an die Rohrwand angeschobenen Anemometern angestellt wurden, führten jedoch zu keinem Resultat. Die Messungen ergaben, dass die durch das Anemometer bei excentrischer Aufstellung im Querschnitt A ermittelten Geschwindigkeiten nicht mehr von den in centrischer Aufstellung ermittelten Geschwindigkeiten abwichen, als diese selbst untereinander. Die Messungen waren überdies bei der damals noch unvollkommenen Construction des Apparates, welcher mit dem Hausschornstein verbunden war, sehr erschwert, da dieselben nur bei nahezu vollkommener Windstille vorgenommen werden konnten.

Erst nachdem die Vergleichsmessungen zwischen Anemometer und Pneumometer mit dem verbesserten Apparat (Fig. 8) ausgeführt waren, und das Pneumometer als zuverlässiges Messinstrument erkannt war, ist es mit Hilfe dieses neuen Instrumentes möglich geworden, an die Lösung obiger Frage von Neuem heranzutreten.

Ausgehend von der Voraussetzung, dass die Luftgeschwindigkeiten in dem Querschnitt A in gleicher Entfernung vom Mittelpunkt gleich gross angenommen werden können, stellte ich experimentell durch das Pneumometer die Geschwindigkeiten in verschiedenen Abständen vom Centrum fest.

Zu diesem Behufe theilte ich die Querschnittsfläche des Versuchsrohres von 308 mm Durchmesser durch concentrische Kreise in vier Zonenringflächen von unter sich gleicher Fläche. (Fig. 11.)

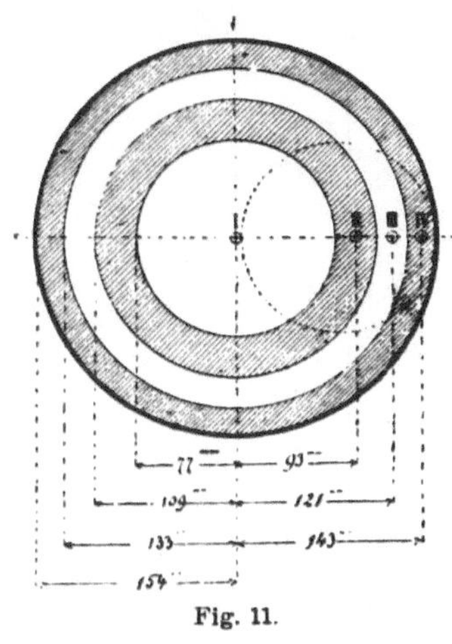

Fig. 11.

Die obiger Bedingung entsprechenden Radien der einzelnen Zonen sind in Fig. 11 eingeschrieben.

Wenn nun das Mittel der Stauscheibe des Pneumometers in die Mitte der Breite einer solchen Zone aufgestellt wird, kann durch dasselbe die mittlere Geschwindigkeit für die betreffende Ringzone gemessen werden.

Die mittlere Geschwindigkeit im ganzen Rohrquerschnitt sollte dann wenigstens annähernd gleich dem Mittel aus den in den Zonen I, II, III, IV, Fig. 11, gemessenen Geschwindigkeiten sein, und müsste für jeden Querschnitt des Rohres, solange die Durchflussquantität sich nicht ändert, die gleiche sein.

Die Abstände der Aufstellungspunkte der Pneumometerstauscheibe von dem Mittelpunkt des Rohres betragen:

für den Innenkreis . . . . Punkt I = 0 mm,
„ die innerste Ringzone . . „ II = 93 mm,
„ „ mittlere Ringzone . . „ III = 121 mm,
„ „ äusserste Ringzone . „ IV = 143 mm.

Die Geschwindigkeiten in den Querschnitten C, A, D, B (Fig. 8) wurden mit dem Pneumometerkopf No. III für jeden dieser Querschnitte in den oben angegebenen vier Mittelabständen für die Zonen I, II, III und IV gemessen.

Um diese zahlreichen Messungen, welche nicht bei immer ganz gleicher mittlerer Geschwindigkeit vorgenommen werden konnten, direct vergleichbar zu machen, wurde während der Messungen in den Querschnitten C, A, D im Mittelpunkt des Querschnittes B ein Pneumometer zur Controlle aufgestellt, und jeweils dessen Angabe gleichzeitig mit der betreffenden Messung in einer der Zonen notirt. Für die Messungen in den Zonen des Querschnittes B wurde das Controllpneumometer im Centrum des Querschnittes A aufgestellt.

Auf Grundlage dieser Messungen war es dann möglich, sämmtliche Versuchsdaten auf gleiche mittlere Geschwindigkeit umzurechnen.

Die Wiedergabe sämmtlicher Messungsresultate würde zu viel Raum beanspruchen, ich begnüge mich, nur die Endresultate, welche folgende kleine Tabelle (s. S. 32 oben) enthält, mitzutheilen.

Die mittlere Geschwindigkeit im Querschnitt A, bei welchem in Zone IV sich sogar eine der Bewegungsrichtung im Rohr entgegengesetzte Geschwindigkeit ergab, wurde unter der Annahme bestimmt, dass durch die Zonen I, II, III des Querschnittes A nicht nur die normale Luftquantität durchfliessen muss, sondern auch das in Zone IV zurückgeflossene Luftquantum.

Es ist aus den Resultaten dieser Messungen auch leicht zu erkennen, warum die Messungen mit dem excentrisch im Querschnitt des Versuchsrohres aufgestellten Anemometern kein Resultat ergeben konnten. In Fig. 11 ist der Durchmesser des Schutzringes von Anemometer No. 1 dicht an die Rohrwand geschoben punctirt ein-

Tabelle

der mit Pneumometer gemessenen Geschwindigkeiten in den vier Zonen
der Querschnitte $C\ A\ D\ B$ Fig. 8.

Zone	v im Querschnitt bei			
	C	A	D	B
	m	m	m	m
I	0,87	1,37	1,13	1,15
II	0,944	1,57	0,97	0,85
III	0,935	0,86	0,63	0,84
IV	0,85	— 0,25	0,52	0,83
Im Mittel für den ganzen Querschnitt	0,9	0,86	0,812	0,917

gezeichnet, woraus zu ersehen, dass selbst in dieser äusserst möglichen Stellung der
Mittelpunkt des Anemometers noch dicht an Zone I belegen ist.

Wenn die ausgeführten Messungen unter günstigeren Bedingungen, wie solche
jedoch nur in speciell ausgerüsteten Instituten geboten werden können, und ausserdem in einer grösseren Anzahl Zonen bewerkstelligt worden wäre, hätten die ermittelten mittleren Geschwindigkeiten untereinander gleich gefunden werden müssen.

Um ein wenn auch nur annähernd richtiges Bild der Variabilität der Geschwindigkeit an den verschiedenen Stellen des Versuchsrohres herstellen zu können, habe
ich das Mittel aller der in den Querschnitten C, A, D, B bestimmten mittleren Geschwindigkeiten bestimmt, welches 0,87 m ergiebt, und dann sämmtliche Zonen-Geschwindigkeiten der obigen Tabelle proportional verändert, sodass die mittlere
Geschwindigkeit in jedem Querschnitt 0,87 m wird, wie folgende Tabelle zeigt.

Tabelle

der auf gleiche mittlere Geschwindigkeit in allen Querschnitten
ausgeglichenen Geschwindigkeit in den verschiedenen Querschnitten.

Zone	v im Querschnitt bei			
	C	A	D	B
	m	m	m	m
I	0,84	1,59	1,21	1,10
II	0,91	1,59	1,04	0,81
III	0,905	0,87	0,67	0,80
IV	0,82	— 0,25	0,55	0,795
Im Mittel für den ganzen Querschnitt	0,87	0,87	0,87	0,87

Es war von Interesse, die Geschwindigkeitsverhältnisse auch vor dem Ein-strömungsquerschnitt C zu untersuchen. Da jedoch Geschwindigkeiten unter 0,5 m mit dem damals mir nur zu Gebote stehenden Micromanometer von $^1/_{200}$ Steigung

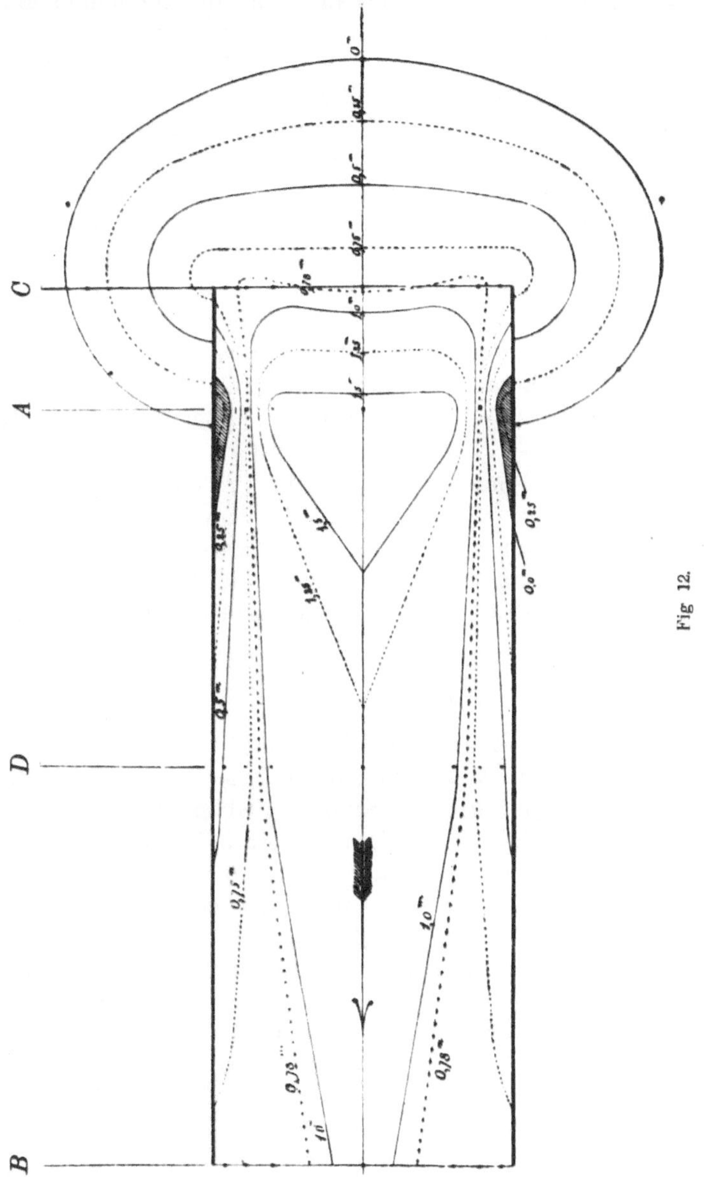

Fig 12.

schwer zu messen, Anemometer aber aus bereits erörterten Gründen für diesen Zweck nicht verwendbar, nahm ich ein anderes Hilfsmittel, welches allerdings nur horizontale Luftströmungen indicirt, d. i. die Kerzenflamme, zur Hilfe.

Die Flamme einer gewöhnlichen Stearinkerze zeigt die geringste, weder mit Anemometer noch mit Pneumometer noch messbare horizontale Luftströmung durch seitliche Ablenkung der Flammenspitze in der Richtung der Bewegung an. Ich näherte eine Kerzenflamme von den verschiedensten Seiten der Mündung des Versuchsrohres und zwar in einer durch die Rohraxe (Fig. 8) gelegten Horizontalebene bleibend so lange bis die Flamme merklich nach der Rohrmündung zu abgelenkt wurde und notirte diesen Abstand. Während dieser Versuche wurde im Versuchsrohr die normale Luftgeschwindigkeit unterhalten und durch Pneumometer controllirt.

Auch diese Bestimmungen machen keinen Anspruch auf besondere Genauigkeit und dennoch konnte ich der Versuchung nicht widerstehen, auf Grundlage aller vorhergehenden Versuche ein Diagramm der Linien gleicher Geschwindigkeit an der Einmündung des Versuchsrohres herzustellen, wie Fig. 12 dasselbe zeigt. — Da die Anzahl der bestimmten Punkte jedoch für eine genaue Darstellung der Curven nicht hinreichte, war ich genöthigt, an verschiedenen Stellen diese Linien nach dem Gefühl zu ergänzen. — In Fig. 12 sind durch schwarze Punkte alle die Stellen bezeichnet, an welchen Messungen vorgenommen wurden. — Die durch die Kerzenflamme bestimmte Grenze für eine merkliche Luftbewegung ist in dem Diagramm, Fig. 12, mit der Geschwindigkeit 0 bezeichnet. Die Geschwindigkeitslinien sind in Stufenfolgen von 0,25 m Geschwindigkeitszunahme aufgezeichnet. — Die Curve für die mittlere Geschwindigkeit im Rohre von 0,87 m ist durch kreuzpunktirte Linie markirt. In dem schraffirten Theil des Querschnittes bei A findet rückläufige Bewegung der Luft statt.

Es wäre gewiss eine lohnende Aufgabe für ein mit entsprechenden Vorrichtungen ausgestattetes Institut, diese Curven für verschiedene Geschwindigkeiten, Durchmesser etc. festzustellen. — Vor Allem aber wäre die Gegenüberstellung der Geschwindigkeitsdiagramme für die Einmündung und der gleichen Diagramme für die Ausmündung für die Construction von Lüftungsanlagen von grossem practischen Interesse.

Beispiele.

In Folgendem gebe ich einige Beispiele, um die Art der practischen Verwendung der Tabellen im Anhang bei Messungen mit dem Pneumometer zu zeigen.

Beispiel I. Die compensirte Pneumometer-Gleitscale an einem Micromanometer $A - {}^1/_{400}$ sei auf der Grundlage einer mittleren Lufttemperatur an der Stauscheibe von 20° und einem Barometerstand von 740 mm gefertigt und zeige die Messung eine Geschwindigkeit von 0,9 m auf der Gleitscale.

Wie gross ist die wirkliche Geschwindigkeit der Luft, wenn die Lufttemperatur nicht 20° sondern 30° und der Barometerstand 730 mm anstatt 740 mm ist?

Der Geschwindigkeitsangabe von 0,9 m auf der Gleitscale entspricht auf der Millimetertheilung der Scale einer Pressungsdifferenz von ${}^{27}/_{400}$ mm Wassersäule. Die wirklich an der Stauscheibe passirende Luft aber hat nach derselben Tabelle eine relative Dichtigkeit von 0,865, wesshalb der der wirklichen Geschwindigkeit entsprechende Werth von p in Tabelle I $({}^1/_{400})$ unter der Pressungsdifferenz $\dfrac{27 \text{ mm}}{0,865} = 31,22$ mm aufzusuchen ist, was $v = 0,924$ m ergiebt.

Durch die genauere, der wirklichen Temperatur und dem wirklichen Barometerstand entsprechende Bestimmung ist somit die Geschwindigkeit um $0,924 - 0,9$ m $= 0,024$ m grösser gefunden worden als durch directes Ablesen auf der Scale für mittlere Temperatur und mittleren Barometerstand, was einem Fehler von $2^1/_2$ °/$_0$ entspricht.

Wenn es sich nicht um regelmässig wiederkehrende Beobachtungen, sondern um einzelne Versuche handelt, wird die Gleitscale am Pneumometer nicht zur

Anwendung gebracht, sondern die Geschwindigkeit durch Ablesung der Staupressungs-differenz an der Millimetertheilung des Micromanometers und mit Hilfe der Tabellen I bis V ermittelt.

Beispiel II. Es sei die Stauscheibe in einem Rauchkanal von 0,5 m² Querschnitt aufgestellt, die Temperatur der Verbrennungsproducte betrage 350°, der Barometerstand 730 mm. Das Micromanometer $B - \frac{1}{200}$ ergebe eine Staupressungsdifferenz entsprechend einem Ausschlag von $\frac{70}{200}$ mm. — Wie gross ist die Geschwindigkeit der Verbrennungsproducte an der betreffenden Stelle?

Unter der Voraussetzung, dass das specifische Gewicht der Verbrennungsproducte gleich dem von Luft sei, beträgt laut Tabelle IV bei 350° und 760 mm Barometerstand das Gewicht der Verbrennungsproducte nur 0,438 von dem Gewicht derselben bei 0° und 760 mm Barometerstand. — Bei 730 mm Barometerstand aber nur $0{,}438 \times \frac{730}{760} = 0{,}42$ von diesem, den Daten der Tabelle I zu Grunde liegendem Luftgewicht.

Um in Tabelle I demnach den der Geschwindigkeit im Rauchkanal entsprechenden Werth von p zu erhalten, ist das gemessene p — hier $\frac{70}{200}$ mm durch 0,42 zu dividiren, was $\frac{70}{0{,}42} = 166$ mm ergiebt. — Die entsprechende Geschwindigkeit laut Tabelle I ist dann $v = 3{,}08$ m.

Beispiel III. In einem Gasleitungshauptrohr von 400 mm Diam. bewege sich Leuchtgas vom specifischen Gewicht 0,43 bei 740 mm Barometerstand und einer Temperatur von $+ 10°$. Die Staupressung durch eine in das Rohr eingesetzte Pneumometerstauscheibe betrage an der Scale eines E-Micromanometers $(\frac{1}{10})$ gemessen 45 mm. Wie viel m³ Gas liefert das Rohr stündlich, vorausgesetzt, dass die Geschwindigkeit des Gases in allen Punkten des Querschnittes die gleiche sei?

Das Gas hat bei 10° und 740 mm Barometerstand ein relatives Gewicht (Tabelle II) von 0,9393 und ist demnach $0{,}43 \times 0{,}9393 = 0{,}404$ von dem normalen Luftgewicht, welches der Tabelle I zu Grunde liegt. Um in Tabelle I die Geschwindigkeit des Gases aufzufinden, ist die gemessene Staupressungsdifferenz 45 mm durch 0,404 zu dividiren — $\frac{45}{0{,}404} = \frac{101{,}2 \text{ mm}}{10}$ und diesem Werth von p in Tabelle I entspricht $v = 10{,}56$ m pro Secunde.

Der Querschnitt des Rohres von 400 mm Diam. beträgt 0,1256 m² und liefert dasselbe sonach stündlich

$$0{,}1256 \times 10{,}56 \times 3600 = 4770 \text{ m}^3 \text{ Leuchtgas.}$$

Beispiel IV. Die Windleitung eines Gebläses, welche unter 40 mm Quecksilberdruck arbeitet, habe 300 mm Diam., eine Lufttemperatur von 500°. — Der Barometerstand betrage 740 mm. Wieviel Kilogramm Luft liefert diese Leitung stündlich, wenn die an einem E $(\frac{1}{10})$ Manometer abgelesene Staupressungsdifferenz einen Ausschlag von 60 mm ergiebt.

Die Dichtigkeit der Luft im Windleitungsrohr ist laut Tabelle IV bei 500° nur 0,353 der Dichtigkeit von Luft bei 0°. — Die Spannung der Luft im Rohr beträgt $740 \text{ mm} + 40 \text{ mm} = 780 \text{ mm}$. Die Dichtigkeit der Luft im Rohr ist demnach $0{,}353 \frac{780}{760} = 0{,}362$ von der Dichtigkeit von Luft bei 0° und 760 mm Barometerstand. Die zu $\frac{60}{10}$ mm gemessene Staupressungsdifferenz ergiebt durch 0,362 dividirt, die der wirklichen Geschwindigkeit der erhitzten Luft in der Tabelle I entsprechende

Stauhöhe zu $p = \dfrac{6,0}{0,362} = 16,56$ mm, was laut Tabelle I ergiebt

$$v = 13,5 \text{ m.}$$

Der Rohrquerschnitt ist 0,0707 m² — somit gehen durch das Rohr stündlich

$$0,0707 \times 13,5 \times 3600 = 3440 \text{ m}^3 \text{ Luft}$$

im Gewicht von stündlich

$$1,3 \times 0,362 \times 3440 = 1615 \text{ kg Luft.}$$

Diese Beispiele mögen zeigen, dass mit Hilfe der Tabellen im Anhang sämmtliche Aufgaben in einfacher Weise durch Multiplication und Division mit dem Rechenschieber gelöst werden können.

III. Gasanalysator

hydrostatische Gaswaage.

D. R. P. No. 88188.

Schon im Jahre **1877** beschrieb Professor G. Recknagel[1]) einen Apparat, welcher durch hydrostatische Wägung das specifische Gewicht des in ein senkrechtes Rohr eingeführten Leuchtgases bestimmt, und ist, soviel mir bekannt, die hydrostatische Wägung für die Bestimmung des specifischen Gewichtes von Gasen überhaupt zuerst von Prof. Recknagel zur Anwendung gebracht worden.

Der Recknagel'sche Apparat ist trotz seiner Einfachheit nicht zur allgemeinen Einführung gekommen, wie ich annehme, wegen der Schwierigkeit der Aufstellung des zugehörigen Differentialmanometers, welche schon Seite 9 berührt worden ist.

Zur Bestimmung des Procentgehaltes an Kohlensäure in Verbrennungsproducten, wozu der Gasanalysator in erster Linie gebraucht werden soll — konnte das Recknagel'sche Instrument nicht in Aussicht genommen werden, weil Recknagel's Differenzmanometer nur bis zu $1/_{50}$ Steigung herab noch practisch verwendbar ist, bei welchem Uebersetzungsverhältniss aber wegen der geringen Gewichtsunterschiede zwischen Luft und Verbrennungsproducten die erzielten Scalenausschläge am Messrohr des Manometers zu klein und nicht mehr practisch brauchbar sind.

Ausserdem können mit dem Recknagel'schen Instrument nur Einzelmessungen vorgenommen werden und für jede neue Messung muss das Messrohr entleert und von Neuem mit dem zu untersuchenden Gas gefüllt werden.

Ein derartiger Apparat aber erfüllt die Anforderungen der Praxis nur sehr unvollkommen, es ist vielmehr die Forderung zu stellen, dass ein solcher Apparat selbstthätig und continuirlich den jeweiligen Procentgehalt der Verbrennungsproducte an Kohlensäure anzeigt.

Diesen Anforderungen entspricht in vollkommener Weise die Construction des ebenfalls auf dem Princip der hydrostatischen Wägung beruhenden Gasanalysators.

Der Gasanalysator ist in Fig. 13 in Ansicht dargestellt. Fig. 14 giebt schematisch die Anordnung der Theile des Apparates.

---

[1]) Annalen der Physik und Chemie von Wiedemann **1877**; No. **10**, S. 291. — Journal für Gasbeleuchtung von Schilling **1877**, S. 662.

Zwei verhältnissmässig weiten, aufrecht stehenden, an ihrem oberen Ende zusammenlaufenden Röhren (a) und (b), Fig. 14, von gleichem Innendurchmesser, werden an ihrem unteren geschlossenen Ende durch die verhältnissmässig engen Röhren (c) und (d) die Gase, deren Dichtigkeitsdifferenz ermittelt werden soll, in continuirlichem Strom zugeleitet und deren Quantität durch die Hähne (e) und (f) regulirt. Die Zuströmung wird durch gleichzeitiges Absaugen beider Gase an der oberen Verbindungsstelle (x) der Rohre (a) und (b) durch das Saugrohr (g) bewirkt.

Die Saugwirkung im Rohre (g) wird entweder durch einen saugenden Wasser-Strahlapparat oder durch Einführung des Rohres (g) in einen Schornstein erzeugt. Durch den Hahnen (h) und das gewöhnliche Manometer i kann die Saugwirkung im Rohre g regulirt und controllirt werden. Oberhalb der Mündungsstellen der Rohre (c) und (d) in die Röhren (a) und (b) in gleichem verticalen Abstand (H) von der Einmündungsstelle (x) des Saugrohres (g) sind durch die Hähne (k) und (l) absperrbare Abzweigungen (m) und (n) nach einem die Druckdifferenz zwischen den Stellen (k) und (l) in den Röhren (a) und (b) messenden Micromanometer (y) geführt.

Die Wirkung des Apparates, wenn z. B. die Dichtigkeitsdifferenz von atmosphärischer Luft und Verbrennungsproducten bestimmt werden soll, ist folgende.

Durch die Saugwirkung im Rohre (g) werden einmal durch das Rohr (d) filtrirte und auf der Raumtemperatur abgekühlte Verbrennungsproducte nach (b) gesaugt und gleichzeitig veranlasst dieselbe das Einströmen atmosphärischer Luft durch ein, vor dem Hahn e gelegenes, mit entsprechender Durchbohrung versehenes Diaphragma, durch das Rohr c nach dem Standrohr (a).

Das bei x sich bildende Gemisch von Verbrennungsproducten und atmosphärischer Luft wird durch das Saugrohr (g) abgeführt. Sodann wird die Stellung des Hahnes (h) und (f) mit Hilfe des Manometers i so einregulirt, dass die Quantität der durch das Diaphragma bei ganz geöffneten Hahnen (e) nach dem Rohre (a) zu-

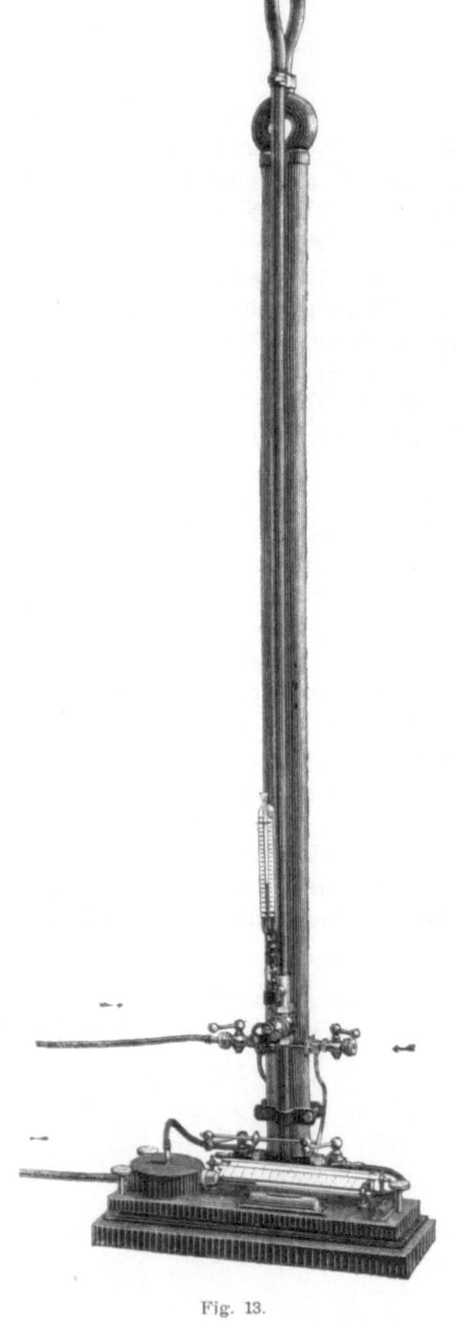

Fig. 13.

fliessenden Luft, gleich der Quantität der durch den Hahnen (*f*) regulirt durch das Rohr (*d*) dem Rohre (*b*) zufliessenden Verbrennungsproducte wird (siehe S. 40).

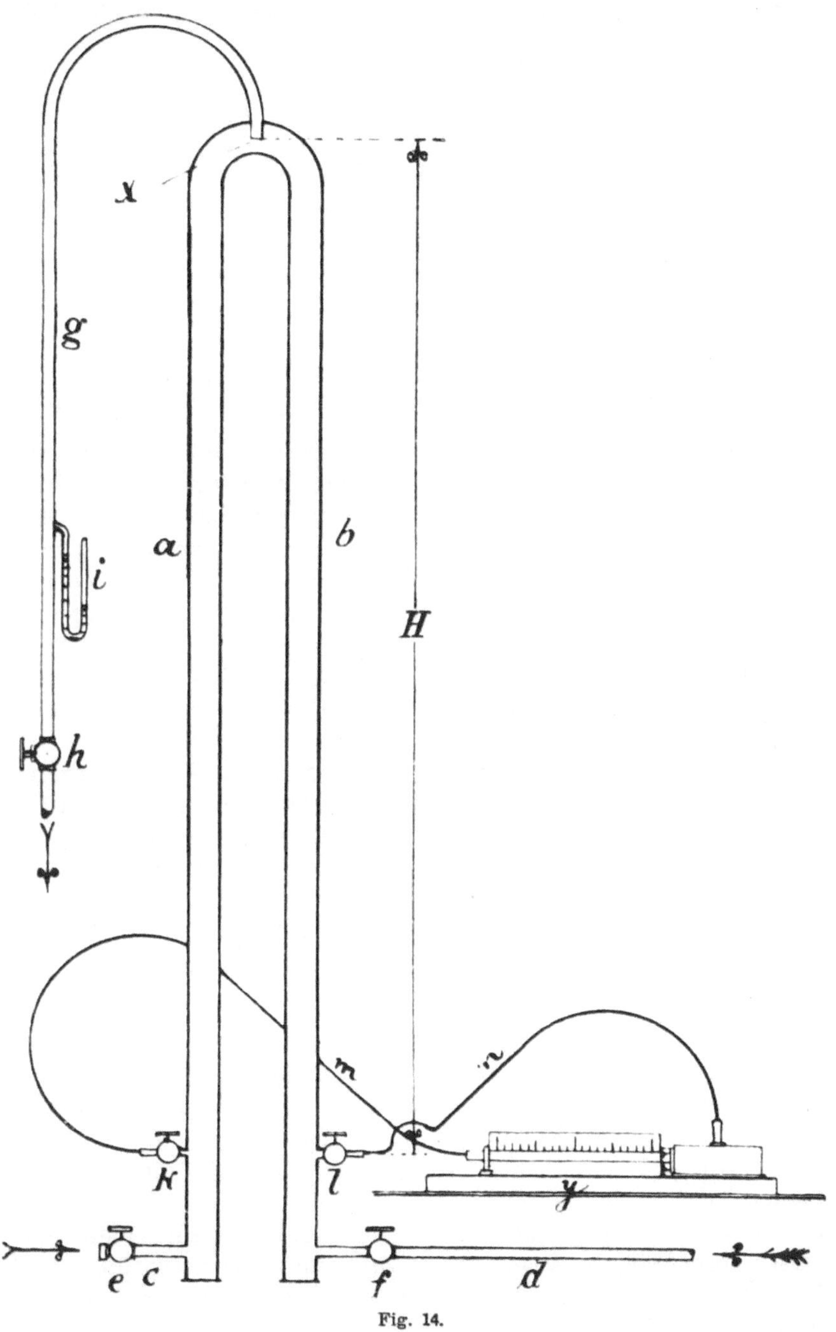

Fig. 14.

Da die Röhren (*a*) und (*b*) von gleicher Weite sind und da die Entfernung von (*k*) nach (*x*) gleich der Entfernung von (*l*) nach (*x*) ist, da auch beide Röhren von

gleich grossen Gasmengen durchströmt werden, so müssen die auf dem Wege von
(k) nach (x), sowie von (l) nach (x) entstehenden Widerstände der Bewegung gemessen als Druckdifferenzen unter einander gleich sein.

An der für die beiden Rohre (a) und (b) gemeinschaftlichen Verbindungsstelle
(x) ist die Pressung der beiden sich mischenden Gase eine und dieselbe.

Die Pressung bei (k) im Rohre (a) wird um die Grösse des Widerstandes der
Bewegung der Luft in (a) von (k) nach (x) vermehrt, um die Grösse des hydrostatischen Gewichtes der Luftsäule in (a) von der Höhe (H) grösser als die Pressung
bei x sein.

Ebenso wird die Pressung bei (l) im Rohre (b) um die Grösse des Widerstandes
der Bewegung der Verbrennungsproducte im Rohre (b) von (l) nach (x), vermehrt
um die Grösse des hydrostatischen Gewichtes der Säule von Verbrennungsproducten
in (b) von der Höhe H grösser als die Pressung bei (x) sein.

Die durch das Micromanometer (y) gemessene Druckdifferenz zwischen den
Stellen (k) und (l) wird somit gleich sein

> „der Differenz der Gewichte der beiden Gassäulen von der Höhe H, aus-
> gedrückt in Millimetern Wassersäulendruck,“

da die auf gleiche Grösse regulirten Widerstände der Bewegung der Gase in den
Rohren (a) und (b), sowie die gemeinschaftliche Pressung bei (x) sich gegenseitig
aufheben, und somit auf die Anzeige des Micromanometers (y) ohne Einfluss sind.

Die Hähne (k) und (l) sind als Dreiweghähne ausgebildet und deren Handgriffe
wie bei den Hähnen (n), Fig. 1, am Micromanometer durch eine Stange verbunden,
wodurch das gleichzeitige Verstellen beider Hähne ermöglicht wird. Durch diese
Hähne kann die Communication entweder der beiden Manometerschenkel mit den
Röhren (a) und (b) bei (k) und (l), oder mit dem Aufstellungsraum, zur Bestimmung
des Nullpunktes auf der Scale, hergestellt werden. Das genau gleichzeitige Oeffnen
dieser Hähne ist aus den Seite 11 erörterten Gründen erforderlich.

Die Druckdifferenz, welche durch die Gewichtsdifferenz der beiden Gassäulen
von der Höhe H in (a) und (b) erzeugt wird, wird durch ein auf gusseiserner Fun-
damentplatte aufgestelltes Micromanometer (Fig. 2) gemessen, welches für Kohlensäurebestimmungen in Verbrennungsproducten eine Steigung von $1:400$ hat. Das
Säulchen v (Fig. 2) und die auf demselben angebrachten Dreiweghähne (n) sind fort-
gelassen und werden durch die Hähne (k) und (l), Fig. 14, ersetzt.

Der Gasanalysator muss auf fester, unverrückbarer Unterlage aufgestellt werden.

Um zu erreichen, dass die durch die beiden stehenden Rohre (a) und (b),
Fig. 14, des Apparates strömenden Quantitäten der Gase von gleicher Grösse werden,
ist eine Regulirung der Hähne (e, f, h) erforderlich, welche in folgender Weise aus-
geführt wird. — Vorläufig ist vorausgesetzt, dass in dem Raum, aus welchem die
Verbrennungsproducte entnommen werden, die Pressung die gleiche sei, wie am
Aufstellungsraum des Gasanalysators.

In dem Diaphragma vor dem Hahne (e), Fig. 14, ist eine Oeffnung von solchem
Durchmesser hergestellt, dass bei 20 mm Druckdifferenz durch diese Oeffnung eben-
soviel Luft eintritt, als ein 5 mm weites Rohr bei 1 m pro Secunde Geschwind
liefern würde.

Es wird nun vor dem Hahne h der saugende Wasserstrahlapparat in Gang gesetzt, welcher in dem Saugrohr vor dem Hahne h einen Unterdruck von nicht
weniger als 300 mm Wassersäule erzeugt und während der Dauer des Versuches

constant erhält; der Hahn (*e*) wird ganz geöffnet, die Hähne (*f*) und (*h*) sind geschlossen.

Durch allmähliches Oeffnen des Hahnes (*h*) wird sodann in den Röhren (*g, a* und *b*) ein durch das Manometer (*i*) gemessener Unterdruck von 80 mm hergestellt, bei welchem Unterdruck durch die Lochung des Diaphragmas vor (*e*) und durch die regulirte Oeffnung des Hahnes (*h*) das doppelte Luftquantum strömt, als bei der oben vorausgesetzten Druckdifferenz von 20 mm.

In dieser Stellung wird Hahn (*h*) während des Versuches belassen.

Sodann wird Hahn (*f*) ganz geöffnet und Hahn (*e*) geschlossen. Das Manometer (*i*) zeigt bei dieser Hahnstellung, wenn in dem Zuleitungsrohr der Verbrennungsproducte (*d*) nicht aussergewöhnliche Widerstände vorhanden sind, je nach Länge der Leitung einen Unterdruck von 20 mm bis 40 mm.

Es wird nun Hahn (*f*) allmählich soweit geschlossen, bis der Unterdruck im Manometer (*i*) auf 80 mm steigt und Hahn (*f*) während des Versuches in dieser Stellung belassen.

Da die Druckdifferenz vor und hinter dem Hahne (*h*) bei regulirter Oeffnung des Hahnes (*h*) durch Einregulirung des Hahnes (*f*) bei geschlossenem Hahn (*e*) eben so gross gemacht worden ist, als bei voller Oeffnung des Hahnes (*e*) und geschlossenem Hahne (*f*), so sind auch die Quantitäten der Gase, welche durch den einregulirten Querschnitt des Hahnes (*h*) in beiden Fällen hindurchgehen, die gleichen, und zwar so gross, dass bei der Durchströmung dieser Quantität durch ein 5 mm Rohr eine Geschwindigkeit von $\sim$ 2 m per Secunde eintritt.

Wird nun der gleichzeitige Zufluss der Luft durch die Lochung des Diaphragmas vor (*e*) und der Verbrennungsproducte durch den wie oben einregulirten Hahn (*f*), bei gleichbleibender Einstellung des Hahnes (*h*), durch Oeffnung des Hahnes (*e*) hergestellt, so werden auch bei der nun verminderten Druckdifferenz im Manometer (*i*) durch (*e*) und (*f*) und somit auch durch die Röhren (*a*) und (*b*) gleiche Quantitäten der Gase strömen.

Die Regulirung kann selbstverständlich auf gleicher Grundlage, auch mit anderen als den vorstehenden nur beispielsweise angegebenen Geschwindigkeiten und Druckdifferenzen erfolgen.

Ist der Druck in dem Raum, aus welchem die Verbrennungsproducte entnommen werden, grösser oder kleiner als in dem Aufstellungsraum des Gasanalysators, so muss der durch Regulirung des Hahnes (*f*) bei geschlossenem Hahne (*e*) erzeugte im Manometer *i* gemessene Unterdruck nicht gleich, sondern entsprechend grösser oder kleiner gemacht werden als der bei offenem *e* und geschlossenem *f* durch *h* einregulirte Manometerdruck. So z. B. ist durch den Hahn *f* unter den gleichen oben angeführten Verhältnissen bei 5 mm Ueberdruck an der Entnahmestelle der Verbrennungsprodukte das Manometer (*i*) anstatt auf 80 mm auf $[(20\,\text{mm} + 5)\, 2^2 - 5\,\text{mm}] = 95\,\text{mm}$ einzustellen.

Bei 5 mm Unterdruck an der Entnahmestelle aber anstatt auf 80 mm auf $(20\,\text{mm} - 5\,\text{mm})\, 2^2 = 60\,\text{mm}$ einzustellen.

Sollte bei dem Oeffnen des Hahnes *f*, nachdem (*e*) geschlossen, der Unterdruck im Manometer (*i*) bereits grösser sein als für die Regulirung erforderlich, so ist dies ein Zeichen, dass die Widerstände in der Zuleituug für die Verbrennungsproducte zu gross sind, und muss in diesem Fall mit geringerer Unterpressung, also auch

geringerer Geschwindigkeit im Zuleitungsrohr gearbeitet werden, oder es kann auch
ein Diaphragma mit kleinerer Oeffnung vor (e) eingesetzt werden.

Sollten im Uebrigen die Geschwindigkeiten der Gase in den aufrechten Mess-
rohren (a) und (b) nicht genau gleich sein, so hat dies auf die Richtigkeit des
Messungsresultates einen nur sehr geringen Einfluss, wie sich dies aus Folgendem
ergiebt.

Die angenommenen Dimensionen entsprechen den bei Ausführung des Gasanalysators zur Anwendung gebrachten.

Die Grösse des Widerstandes (p) der Bewegung in den Rohrstücken (l x) und
(k x) in Millimetern Wassersäule ergiebt sich zu

$$p = 1000 \frac{l}{d} \cdot \frac{v^2}{2\,g} \cdot p \cdot \frac{s}{s_1}$$

wobei bedeutet:

l Rohrlänge $l\,x$ oder $k\,x$ — $= 2\,\mathrm{m}$,
d Durchmesser der aufrechten Rohre a und $b = 30\,\mathrm{mm}$,
$g = 9.81\,\mathrm{m}$ Beschleunigung der Schwere,
$p = 0{,}025$ Reibungscoefficient,
$\dfrac{s}{s_1} = \dfrac{1}{770}$ Verhältniss der Dichtigkeit von Wasser und Luft,
$v =$ Geschwindigkeit der Luft in den Messröhren in m pro Secunde.

Die Geschwindigkeit v in den 30 mm weiten Röhren (a) und (b) ist, wenn die
Geschwindigkeit in dem 5 mm weiten Zuleitungsrohr (d) der Verbrennungsproducte
1 m pro Secunde beträgt.

$$v = \left(\frac{5}{30}\right)^2 = \frac{1}{36}\,\mathrm{m} = 0{,}0278\,\mathrm{m}\ \text{pro Secunde.}$$

Für diese Geschwindigkeit beträgt der Widerstand (p) in der Rohrstrecke $l{-}x$
nach Einsetzen obiger Zahlenwerthe in die Formel

$$p = 0{,}0000854\ \mathrm{mm\ Wassersäule.}$$

Die bei einem Kohlensäuregehalt der Luft von 10 °/₀ bei 2 m Höhe der Messröhren im Micromanometer wirkende Pressungsdifferenz beträgt 0,134 mm Wassersäule. (Siehe Seite 43.)

Die durch das ungleiche Gewicht der beiden Gassäulen erzeugte Pressungsdifferenz ist demnach $\dfrac{0{,}134}{0{,}0000854} = 1570$ mal grösser als die zur Ueberwindung der
Reibungswiderstände bei Bewegung der Gase in den Messröhren nöthige Pressungsdifferenz.

Es würde selbst für den äussersten Grenzfall, dass der volle Betrag der durch
die Bewegung verursachten Pressungsdifferenz nur einer der Messröhren zufallen
würde, der hierdurch entstehende Fehler in der Micrometerangabe ein für practische
Messungen nicht in Betracht kommender sein.

Vorstehendes gilt jedoch nur dann, wenn die Geschwindigkeit der Gase in den
Messröhren (a) und (b) eine geringe ist.

Die Theilung der Gleitscale für Messung des Kohlensäuregehaltes eines Gemisches
von Luft und Kohlensäure in Messröhren von 2 m Höhe an der compensirten Scale
eines A-Micromanometers ($^1/_{400}$) ergiebt sich wie folgt.

Die atmosphärische Luft wiegt bei 0 ° und 760 mm Barometerstand pro 1 m³

1294 Gramm,

Kohlensäure unter gleichen Bedingungen

1967 Gramm.

Eine 10 % Kohlensäure enthaltende Luft sonach

1361,3 Gramm,

Die Gewichtsdifferenz zwischen 1 m³ Luft und 1 m³ Luft mit 10 % Kohlensäure ist sonach

1361,3 — 1294 = 67,3 Gramm,

oder da 1000 Gramm Gewichtsdifferenz pro m³ bei 1 m Höhe der Gassäule einer hydrostatischen Pressungsdifferenz von 1 mm Wassersäule entspricht, so ist die durch das ungleiche Gewicht von Luft und Luft mit 10 % CO_2 erzeugte Pressungsdifferenz

$$\frac{2 \times 67,3}{1000} = 0,134 \text{ mm Wassersäule.}$$

In einem A-Micromanometer von $1/_{400}$ Steigung entspricht dieser Pressungsdifferenz ein Scalenausschlag von

400 × 0,134 = 53,84 mm,

das macht für jedes Procent Kohlensäuregehalt

$$\frac{53,84}{10} = 5,38 \text{ mm Scalenausschlag.}$$

Für Verbrennungsproducte, welche aus einem Gemisch von Kohlensäure, Stickstoff und Luft bestehen, wird der Scalenausschlag in gleicher Weise berechnet, wobei der verhältnissmässig geringe Gehalt an Wasserdampf und schwefliger Säure für gewöhnliche Verhältnisse ausser Acht gelassen werden kann. — Ausserdem werden die Scalenangaben durch Vergleichsmessungen mit dem Orsat'schen Apparat geprüft.

Die durch verschiedene Apparate erstrebte continuirliche Anzeige des Kohlensäuregehaltes von Verbrennungsproducten, eine Aufgabe, welche fraglos von hoher wirthschaftlicher Bedeutung[1] für die Industrie ist, wurde bis jetzt durch keinen der in Gebrauch genommenen Apparate vollständig genügt, obgleich durch Anwendung derselben bereits grosse Ersparnisse erzielt worden sind.

Der Nachtheil aller dieser Apparate besteht darin, dass deren Hauptbestandtheil, eine sehr empfindliche Waage, überhaupt kein Instrument ist, welches in den Händen eines Maschinenführers gut aufgehoben erscheint. — Durch die geringste Condensation von Wasserdampf[2] oder Ansatz von Russtheilchen versagen diese Instrumente.

Die Justirung und Prüfung solcher Instrumente muss häufig, oft täglich, geschehen,[3] wobei die Behandlung eine sehr subtile und die jedesmalige Einstellung eine sehr sorgfältige sein muss.[4]

Aus allen diesen Gründen haben diese Instrumente noch kein grosses Feld erobert.[4]

---

[1] Zeitschrift des internationalen Verbandes der Dampfkesselüberwachungs - Vereine, XIX. Jahrgang, 15. März 1896, No. 6, S. 122. Dr. Walther Hempel sagt in seinem Vortrag: „Es kann gar nicht Werth genug auf eine richtige Handhabung der Luftzuführung gelegt werden, die man durch Gasanalysen oder Gaswaagen überall ständig überwachen sollte".

[2] Zeitschrift des Vereines deutscher Ingenieure 1895, No. 33 vom 17. August, S. 1002.

[3] L. Haage. Zeitschrift des internationalen Verbandes von Dampfkesselüberwachungs-Vereinen, No. 22 vom 15. November 1895, S. 471.

[4] F. Münter. Zeitschrift des internationalen Verbandes von Dampfkesselüberwachungs-Vereinen vom 15. April 1895, S. 164.

Alle oben gerügten Uebelstände entfallen bei einer Wägung der Gase auf hydrostatischem Wege, wie es durch den Gasanalysator ausgeführt wird.

Der einzige bewegliche Theil eines solchen Apparates ist eine Flüssigkeit, welche jederzeit um einige Pfennige aus jeder Apotheke von Neuem bezogen werden kann. Die Einstellung des Apparates durch Wasserwaagen ist ausserdem eine jedem Maschinisten geläufige Operation. Alle Theile können, ohne eine Beschädigung befürchten zu müssen, durch gewöhnliches Staubtuch oder selbst Bürste gereinigt werden. Die Condensation von Wasser in den Messröhren ist unschädlich und bleibt auf das Messungsresultat ohne Einfluss. Selbst das Absetzen von Russ im Innern des Apparates ist, solange nur der Durchgang der Gase hierdurch nicht behindert wird, ohne Nachtheil.

Da auch voraussichtlich der Preis des Gasanalysators bei fabrikmässiger Herstellung sich nicht unerheblich niedriger stellen wird als der der jetzt im Gebrauch befindlichen Apparate, so ist dessen allgemeine Einführung wohl in Aussicht zu stellen.

Der Gasanalysator ermöglicht nicht nur die continuirliche Untersuchung von Verbrennungsproducten, sondern überhaupt die Untersuchung eines jeden Gasgemisches, dessen Mischungstheile ungleiches specifisches Gewicht haben.

Er kann zur Untersuchung der Auspuffgase bei Gasmaschinen und Petroleummotoren, zur Bestimmung der Kohlensäure in den Saturationsgasen der Zuckerfabriken u. s. w. in Verwendung kommen.

Eine besonders nützliche und werthvolle Verwendung dieses Instrumentes erwarte ich von dem Gebrauche desselben in Kohlenbergwerken, welche der Gefahr schlagender Wetter ausgesetzt sind. Eine schwache Rohrleitung von den gefährdeten Stellen vor Ort über Tage zu dem dort aufgestellten Gasanalysator geführt, würde an demselben die geringste Zunahme schädlicher Gase vor Ort erkennen lassen und dadurch ermöglichen, rechtzeitig Vorsichtsmassregeln zu treffen.

Der Gasanalysator kann auch zur Herstellung und Controle der richtigsten Mischung von Gasen, z. B. bei Gasschweissvorrichtungen, ferner zur Controle der Production von Dowsongas und überhaupt von Generatorgasen in Verwendung kommen.

Um festzustellen, wie weit die Kohlensäurebestimmungen durch chemische Analyse mit den Angaben des Gasanalysators, dessen Gleitscaletheilung durch Berechnung festgestellt war, übereinstimmen, wurde eine Reihe künstlich hergestellter verschiedener Mischungen von Luft und Kohlensäure in einem kleinen Gasbehälter aufgefangen und dann mit Gasanalysator und Bürette auf den Kohlensäuregehalt untersucht. Die Uebereinstimmung beider Untersuchungsresultate war eine befriedigende, doch kamen Abweichungen von $^1/_4$ bis $^1/_2\,^0/_0$ im Kohlensäuregehalt vor.

IV. Hydrostatischer Wind-Indicator.

Der Einfluss von Strömungen der Aussenluft auf beheizte und ventilirte Gebäude macht sich häufig störend bemerkbar. Bis jetzt existiren keine zuverlässigen Grundlagen, welche ermöglichen würden, diese Einflüsse rechnerisch zu verfolgen, oder überhaupt für irgend eine Neuanlage im Voraus festzustellen.

Ich stellte mir deshalb die Aufgabe, die Einflüsse der äusseren Luftströmungen und Winde auf die Pressungsverhältnisse zwischen Innen und Aussen eines Gebäudes und zwischen verschiedenen Innenräumen durch directe Versuche festzustellen.

Durch das Micromanometer ist es ermöglicht, selbst minimale Pressungsdifferenzen zwischen verschiedenen Räumen leicht und sicher zu messen. Es war dazu nur erforderlich, von allen den Stellen des Hauses, deren Pressungsverhältnisse zu untersuchen von Interesse war, Röhrenleitungen bis zur Aufstellungsstelle des Micromanometers zu ziehen.

Durch Verbindung eines oder beider Schenkel des Micromanometers mit den Endpunkten verschiedener derartiger Leitungen ist es am Aufstellungspunkt des Micromanometers möglich, die Pressungsdifferenzen zwischen allen diesen Räumen zu ermitteln.

Vor Allem aber erschien es erforderlich, die Ursache dieser Pressungsdifferenzen, das ist die Richtung und Geschwindigkeit des auf das Haus wirkenden Luftstromes an der Aufstellungsstelle des Micromanometers, jederzeit ersichtlich zu machen.

Da ein solchen Anforderungen entsprechendes Instrument mir nicht bekannt ist, wurde zu obigem Zwecke der hydrostatische Windindicator projectirt und zur Ausführung und Anwendung gebracht.

Der auf Fig. 15 in seiner allgemeinen Zusammenstellung, auf Fig. 16 in den Details dargestellte Windindicator besteht aus einer an einer rohrförmigen drehbar gelagerten Stange (*a*) Fig. 15 und 16 befestigten, auf dem Dache aufgestellten Windfahne (*b*). Das Stangenrohr (*a*) ist in dem feststehenden Rohr (*d*) durch drei aus Achatkugeln gebildeten Kugelkränzen (*e f g*), Fig. 16, welche auf Flächen von harter Bronze laufen, drehbar gelagert. Die Reibung bei der Drehung ist hierdurch ausserordentlich gering und eine Schmierung des Apparates, da nur rollende Reibung bethätigt wird, nicht erforderlich.

An dem untersten Ende des Stangenrohres (*a*), welches aus dem festen Rohr (*d*) herausragt, ist eine Schnurscheibe (*h*) befestigt, welche vermittelst der Leitrollen (*i k l m*), die in dem Zeigergehäuse (*o*) auf der Zeigeraxe befindliche Schnurscheibe (*n*), welche mit der Schnurscheibe (*h*) von genau gleicher Grösse ist, durch Schnurtrieb ohne Ende verbunden wird. Um die Treibschnur zu spannen und den Einfluss der

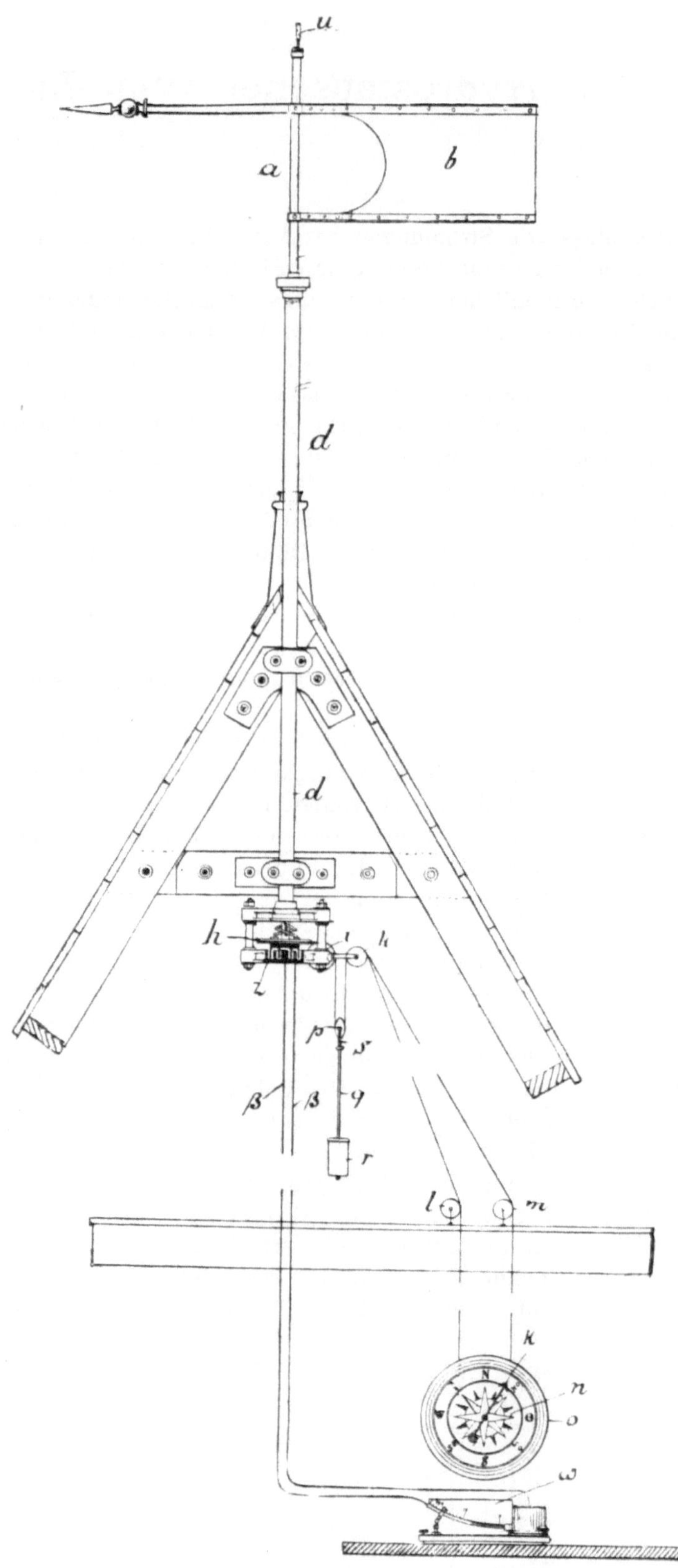

Fig. 15.

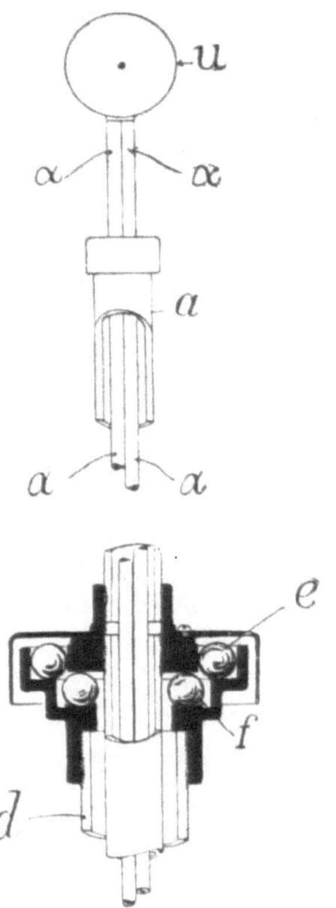

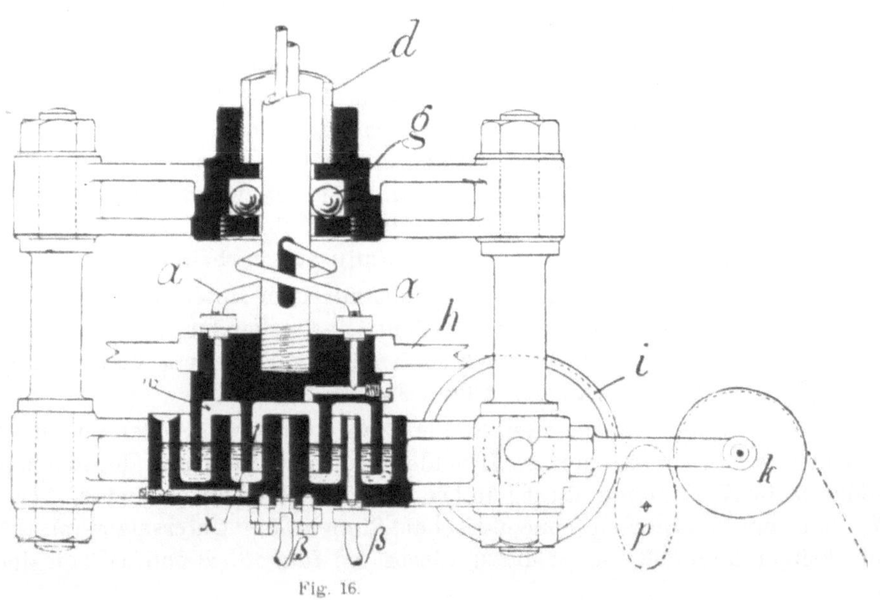

Fig. 16.

Verlängerungen und Verkürzungen derselben auf den parallelen Gang der beiden Schnurscheiben (*h*) und (*n*) unschädlich zu machen, ist die Treibschnur über zwei an einem gemeinschaftlichen Querhaupt (*s*), Fig. 17 und 15, in gleichem Abstand von der Mitte desselben befestigten Leitrollen (*p*) geführt. In der Mitte des Querhauptes (*s*) ist eine nach unten führende Stange (*q*) eingeschraubt, deren unteres Ende ein Gewicht (*r*) zur Anspannung der Treibschnur trägt. — Jede Dehnung der Treibschnur wird durch diese Compensationsvorrichtung ausgeglichen, da, sobald die eine Seite der Zugschnur stärker gespannt wird als die andere, das Gewicht (*r*) nach der Seite hin ausschlägt, welches die, von dem stärker angespannten Schnurtrum umschlungene Leitrolle trägt. Wäre diese Vorrichtung nicht vorhanden und die Treibschnur nur durch ein in einer Seilschlinge aufgehängtes Gegengewicht gespannt, so würde bei jeder Verkürzung oder Verlängerung der Schnur, wie solche schon durch die Veränderung des Feuchtigkeitsgehaltes der Luft eintritt, der Umfang der Scheibe (*h*) gegenüber dem der Scheibe (*n*) um den halben Betrag dieser Längenveränderung vorlaufen oder zurückbleiben; eine parallele Bewegung der beiden Scheiben würde somit nicht erreicht werden.

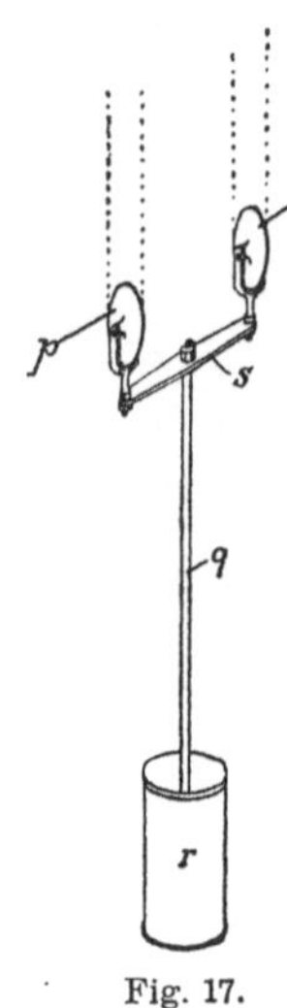

Fig. 17.

Das Zeigergehäuse (*o*), welches ein nach der Windrose getheiltes Zifferblatt und einen auf der Axe der Rolle (*n*) befestigten Zeiger (*k*) trägt, welcher die jeweilige Stellung der Windfahne (*b*) und somit die Windrichtung anzeigt, wird in dem Beobachtungsraum an geeigneter Stelle an der Wand befestigt.

Die Entfernung der Windfahne von dem Zeigergehäuse kann ohne Nachtheil, sowohl in verticaler als in horizontaler Richtung eine ziemlich beträchtliche sein. Die Anzahl der Leitrollen *l m* ist jedoch möglichst zu beschränken. Auch sind sämmtliche bewegte Theile, um den plötzlichen Richtungsänderungen der einzelnen Windstösse folgen zu können, möglichst leicht herzustellen.

Das Stangenrohr (*a*) ragt über die Windfahne (*b*) heraus und trägt an seinem obersten Ende eine Pneumometerstauscheibe (*u*), deren Fläche senkrecht zur Fläche der Windfahne und somit auch senkrecht zur jeweiligen Windrichtung eingestellt ist.

Von dieser Stauscheibe aus werden die beiden die Pressung übertragenden Röhren α in dem Innern des hohlen Stangenrohres (*a*) nach unten und durch Schlitze in dem unten aus dem Halterrohr *d* vorstehenden Theil des Rohres (*a*) nach Aussen geführt. Diese beiden Röhren werden von da nach zwei ringförmigen, mit der Drehaxe des Stangenrohres (*a*) concentrischen unten offenen Räumen (*w* und *x*), Fig. 16, geführt, welche in einem am Ende des Rohres (*a*) fest verschraubten und mit diesem sich drehenden Kopf rinnenförmig ausgearbeitet sind.

Unter diesem drehbaren Kopf ist ein mit dem unteren Kugellager des Halterrohres (*d*) durch zwei Stützen verbundener feststehender Untersatz (*z*) angebracht, welcher an seiner Oberseite, concentrisch mit den Räumen *w* und *x* correspondirende in dieselben eintretende Rinnen trägt. Fig. 16.

Die die Rinnen scheidenden Rippen werden an zwei Stellen mit Durchbohrungen versehen und die feststehenden Druckleitungsrohre ($\beta \, \beta$) mit denselben verschraubt, wodurch die Verbindung dieser Rohre mit den Räumen (*w* und *x*) hergestellt wird. Werden nun die beiden concentrischen Rinnen des Untersatzes (*z*) theilweise mit Quecksilber angefüllt, so schliesst dieses die Räume (*w* und *x*) von der Aussenluft dicht ab, ohne jedoch die Communication der Druckleitungsröhren (α) und der Röhren (β) zu behindern oder die Drehung der Windfahne zu erschweren.

Die Druckröhren β werden nach den beiden Schenkeln eines besonders construirten Micromanometers ω geführt, welches dicht bei dem die Windrichtung angebenden Zeigerapparat aufgestellt ist und direkt die Windgeschwindigkeit ablesen lässt.

Ein Micromanometer der früher beschriebenen Construction ist für die Bestimmung der Windgeschwindigkeit, wenn die geringsten Luftbewegungen von 0,5 m als auch die Geschwindigkeit der stärksten Stürme mit demselben Instrument gemessen werden sollen, nicht verwendbar, da die zur Messung kleiner Luftgeschwindigkeiten erforderliche geringe Steigung des gläsernen Messrohres für grosse Luftgeschwindigkeiten und constantes Steigungsverhältniss unausführbare Längen des Messrohres erfordern würde.

Ich bringe deshalb nicht ein gerades, sondern ein nach oben gebogenes Glasmessrohr, d. i. ein Messrohr mit variabler Steigung, zur Verwendung (ω), Fig. 15. Selbstverständlich ist, dass der Nullpunkt der Scala durch Nachfüllen von Flüssigkeit bei diesem Manometer immer an derselben Stelle des Glasrohres gehalten werden muss, was bei dem Micromanometer nach Fig. 2 nicht der Fall ist.

Herrn Professor G. Recknagel verdanke ich die Bestimmung der Form, welche einem solchen Messrohr gegeben werden muss, um ein Pneumometer von durchaus gleicher Empfindlichkeit und von gleichförmiger Theilung auf der krummen Röhre zu erhalten. Die Form einer solchen Röhre muss die einer Parabel zweiter Ordnung sein.

In der Ausführung habe ich wegen der Schwierigkeit der Herstellung und wegen der sehr geringen Abweichung der Form eines entsprechenden Kreisbogens von der Form der genauen Parabel, ein nach einem Kreisbogen ausgeführtes Glasmessrohr zur Verwendung gebracht.

Bei einer Biegung des Glasrohres nach **489** mm Radius entsprechen je **10** mm Bogenlänge je einem Meter Windgeschwindigkeit. Das Instrument bekommt bei vorstehender Rohrbiegung, selbst wenn die Scale bis **250** mm geht, d. h. noch **25** m Windgeschwindigkeit angezeigt werden, immer noch eine handliche Form.

Mit Hilfe dieses Instrumentes ist es ermöglicht, in dem Beobachtungsraum nicht nur im Allgemeinen die Richtung und Geschwindigkeit des Windes jederzeit zur Anschauung zu bringen, sondern es ist an demselben die Stärke, Dauer und Richtung jedes einzelnen Windstosses zu beobachten möglich.

Ich glaube deshalb, dass das Instrument nicht nur für den Zweck, für welchen es construirt, sondern auch für meteorologische Zwecke gute Dienste leisten würde, da kein bis jetzt für Windmessungen ausgeführtes, mir bekanntes Instrument eine so unmittelbare Beobachtung der speciellen Eigenschaften eines Sturmes ermöglicht. So habe ich auf diesem Instrument Stürme mit ziemlich gleichförmiger Geschwindigkeit und wechselnder Richtung und wieder solche mit ziemlich constanter Richtung und stossweiser Wirkung zu beobachten Gelegenheit gehabt.

V. Hydrostatisches Pyrometer.

Die Messung von Temperaturen in Canälen und Heizräumen kann vermittelst
der hydrostatischen Waage (Micromanometer) in höchst einfacher Weise geschehen,

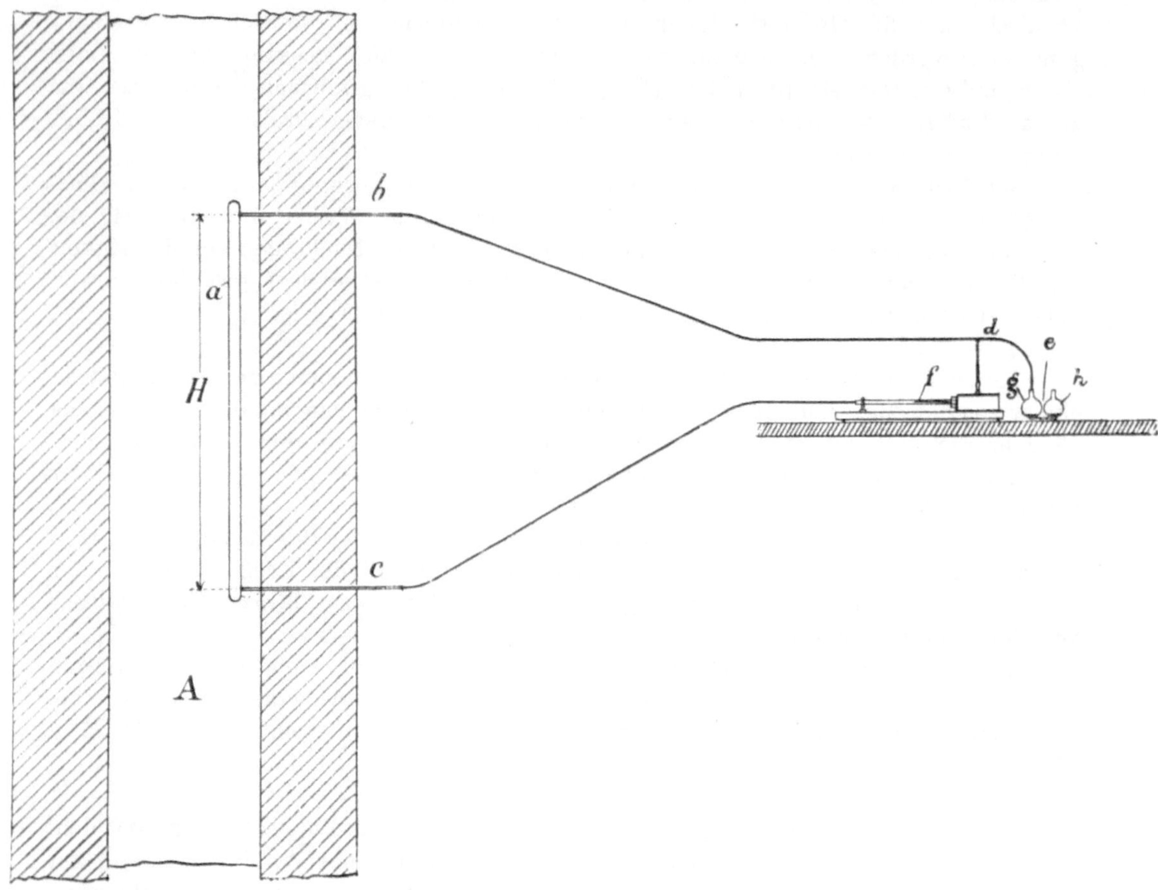

Fig. 18.

indem das Gewicht einer Luftsäule, welche die Temperatur des Raumes angenommen
hat, auf die hydrostatische Waage wirkt. Die Einrichtung des Apparates ist auf
Fig. 18 skizzirt. A ist ein von heissen Gasen durchströmter Canal, deren Temperatur
gemessen werden soll. Das senkrecht in diesem Canal aufgestellte, mit Luft gefüllte
und an beiden Enden geschlossene Rohr (a) hat in der Entfernung (H) zwei enge

Ansatzröhren (*b*) und (*c*), welche genau horizontal durch die Canalwand nach Aussen geführt sind. Die aus der Canalwand vorstehenden Enden dieser Rohre werden durch Schlauch oder Rohrleitung mit den beiden Schenkeln des ausserhalb aufgestellten Micromanometers *f* verbunden.

Damit bei der Erwärmung des Rohres (*a*) die Spannung der Luft in dem abgeschlossenen Rohrsystem nicht zu hoch werde, ist der durch ein T-Stück (*d*) an die Rohrleitung angeschlossene selbstthätige Spannungsregulator (*e*) eingeschaltet. Bei zunehmender Pressung gestattet derselbe den Austritt der Luft durch den hydraulischen Verschluss der Sperrflüssigkeit in dem unteren Verbindungsrohr zwischen den beiden Gefässen (*g*) und (*h*). Bei abnehmender Pressung tritt wieder Luft in umgekehrter Richtung durch diese Vorrichtung ein.

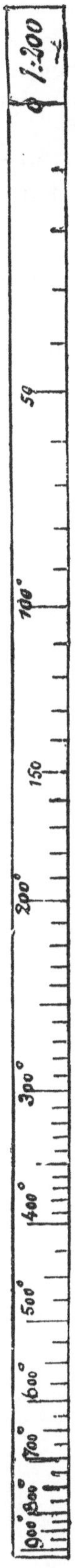

Für einen Abstand (*H*) der Horizontalrohre (*b*) und (*c*) von 1 Meter und für ein *B*-Micromanometer von 1 : 200 Steigung erhält die Theilung der Gleitscale für Temperaturmessungen die auf Fig. 19 gegebene Form.

Bei Messung von Temperaturen wird die Gleitscale so eingestellt, dass der Theilstrich auf der Gleitscale, welcher der Temperatur des Aufstellungsraumes entspricht, gegenüber dem Nullpunkt des Micromanometers zu stehen kommt, worauf die Temperatur im Heizcanal, nachdem die Schenkel des Micromanometers mit den Rohren (*b*) und (*c*), Fig. 18, verbunden, direct an der Pyrometerscale abgelesen werden kann.

Die Aufstellung des mit gleitender Pyrometerscale versehenen Micromanometers kann in ziemlicher Entfernung von dem Raum, dessen Temperatur zu messen ist, erfolgen, wodurch dieses Instrument für Zwecke der Controle von Feuerungsanlagen sehr brauchbar erscheint. Die Röhren (*a*) (*b*) (*c*) müssen je nach der Höhe der zur Messung kommenden Temperatur aus Kupfer, Porzellan, Platin etc. hergestellt werden.

Wenn es sich nicht um die Messung absoluter Temperaturen, sondern nur um eine vergleichsweise Controle handelt und wenn ein weiter Heizraum vorhanden, so kann das Rohr (*a*), Fig. 18, ganz wegfallen und können die Röhren (*b*) und (*c*) in dem Abstand *H* horizontal und parallel durch die Wand des Heizcanales geführt werden und in den Canal offen ausmünden.

Da in einem weiten Heizcanal, wie solcher z. B. durch das Retortengewölbe eines Ofens zur Production von Leuchtgas gebildet wird, der Widerstand der Bewegung der Verbrennungsproducte von der Rohrmündung (*c*) zur Rohrmündung (*b*) vernachlässigt werden kann, so misst das Micromanometer *f* das Gewicht einer Säule von Verbrennungsproducten von der Höhe *H* und somit die Temperatur derselben. Der selbstthätige Spannungsregulator (*e*), Fig. 18, ist in diesem Falle nicht erforderlich.

Es wird, wenn das Rohr (*a*) nicht zur Verwendung kommt, allerdings vorausgesetzt, dass das specifische Gewicht der Verbrennungsproducte bekannt sei und nicht wechsle. Beide Bedingungen sind in der Praxis nicht zu erfüllen, doch kann für annähernde Messungen, besonders wenn es sich nur um Vergleiche handelt, das specifische Gewicht der Verbrennungsproducte $= 1$ gesetzt und als constant angenommen werden.

Auf solche Weise ist die Messung auch der höchsten Temperaturen mit Verwendung von eisernen oder kupfernen Röhren möglich, da kein Theil des Pyrometers die volle Temperatur des Feuerraumes annimmt.

Es wäre auch möglich und unter Umständen angezeigt, das für pyrometrische Messungen benutzte Micromanometer analog der Ausführung für den hydrostatischen Windindicator mit einem gekrümmten Glas-Messrohr zu versehen, um eine gleichförmige Theilung für alle Temperaturen zu erreichen, nur müsste dasselbe für diesen Zweck eine nach oben convexe Form erhalten.

VI. TABELLEN.

Tabelle I

der Werthe von $p = 1{,}37 \times 1{,}293 \times \dfrac{v^2}{2g}$ in Millimetern Wassersäule für trockene Luft von $0°$ und 760 mm Barometerstand für verschiedene Werthe von v in Metern per Secunde.

$1{,}293\,\dfrac{v^2}{2g}$	v	Millimeter auf Scalenrohr geneigt				
		$1/1$	$1/50$	$1/100$	$1/200$	$1/400$
0,00016	0,05	0,00022	0,011	0,022	0,044	0,088
0,00066	0,10	0,0009	0,045	0,090	0,180	0,360
0,00148	0,15	0,0020	0,100	0,200	0,400	0,800
0,00264	0,20	0,0036	0,180	0,360	0,720	1,440
0,0041	0,25	0,0056	0,280	0,560	1,120	2,240
0,0059	0,30	0,0081	0,405	0,810	1,620	3,240
0,0081	0,35	0,0111	0,555	1,110	2,220	4,440
0,0105	0,40	0,0144	0,720	1,440	2,880	5,760
0,0133	0,45	0,0183	0,915	1,830	3,660	7,320
0,0165	0,50	0,0226	1,130	2,260	4,520	9,040
0,0199	0,55	0,0273	1,365	2,730	5,460	10,920
0,0237	0,60	0,0325	1,625	3,250	6,500	13,000
0,0278	0,65	0,0381	1,905	3,810	7,620	15,240
0,0323	0,70	0,0442	2,210	4,420	8,840	17,680
0,0371	0,75	0,0508	2,540	5,080	10,160	20,320
0,0422	0,80	0,0578	2,890	5,780	11,560	23,120
0,0476	0,85	0,0652	3,260	6,520	13,040	26,080
0,0534	0,90	0,0731	3,655	7,310	14,620	29,240
0,0595	0,95	0,0815	4,075	8,150	16,300	32,600
0,0659	1,00	0,0903	4,515	9,030	18,060	36,120
0,0727	1,05	0,0995	4,975	9,950	19,900	39,800
0,0797	1,10	0,1092	5,460	10,920	21,840	43,680
0,0871	1,15	0,1194	5,970	11,940	23,880	47,760
0,0949	1,20	0,1300	6,500	13,000	26,000	52,000
0,1030	1,25	0,1411	7,055	14,110	28,220	56,440
0,1114	1,30	0,1526	7,630	15,260	30,520	61,040
0,1201	1,35	0,1645	8,225	16,450	32,900	65,800
0,1292	1,40	0,1770	8,850	17,700	35,400	70,80
0,1386	1,45	0,1898	9,490	18,980	37,960	75,92
0,1483	1,50	0,2031	10,155	20,31	40,62	81,24
0,1583	1,55	0,2169	10,845	21,69	43,38	86,76
0,1687	1,60	0,2311	11,555	23,11	46,22	92,44
0,1794	1,65	0,2458	12,290	24,58	49,16	98,32
0,1905	1,70	0,2609	13,045	26,09	52,18	104,36
0,2018	1,75	0,2765	13,825	27,65	55,30	110,60
0,2135	1,80	0,2925	14,625	29,25	58,50	117,00
0,2255	1,85	0,3090	15,450	30,90	61,80	123,60
0,2379	1,90	0,3259	16,295	32,59	65,18	130,36
0,2506	1,95	0,3433	17,165	34,33	68,66	137,32
0,2636	2,00	0,3611	18,055	36,11	72,22	144,44
0,2906	2,10	0,3982	19,910	39,82	79,64	159,28
0,3090	2,20	0,4370	21,850	43,70	87,40	174,80
0,3486	2,30	0,4776	23,880	47,76	95,52	191,04
0,3796	2,40	0 5200	26,000	52,00	104,00	208,00
0,4119	2,50	0,5643	28,215	56,43	112,86	225,72
0,4455	2,60	0,6103	30,515	61,03	122,06	244,12
0,4804	2,70	0,6582	32,910	65,82	131,64	263,28
0,5167	2,80	0,7078	35,390	70,78	141,56	283,12
0,5542	2,90	0,7593	37,965	75,93	151,86	303,72
0,5931	3,00	0,8126	40,630	81,26	162,52	325,04
0,6333	3,10	0,8676	43,380	86,76	173,52	347,04
0,6748	3,20	0,9245	46,225	92,45	184,90	369,80
0,7177	3,30	0,9832	49,160	98,32	196,64	393,28
0,7618	3,40	1,0437	52,185	104,37	208,74	417,48
0,8073	3,50	1,1060	55,300	110,60	221,20	442,40
0,8541	3,60	1,1701	58,505	117,01	234,02	468,04
0,9022	3,70	1,2360	61,800	123,60	247,20	494,40
0,9516	3,80	1,3037	65,185	130,37	260,74	521,48
1,0024	3,90	1,3732	68,660	137,32	274,64	549,28
1,0544	4,00	1,4446	72,230	144,46	288,92	577,84
1,1078	4,10	1,5177	75,885	151,77	303,54	607,08
1,1625	4,20	1,5926	79,630	159,26	318,52	.
1,2185	4,30	1,6694	83,470	166,94	333,88	.
1,2758	4,40	1,7478	87,390	174,78	349,56	.
1,3345	4,50	1,8283	91,415	182,83	365,66	.
1,3945	4,60	1,9104	95,520	191,04	382,08	.
1,4558	4,70	1,9944	99,720	199,44	398,88	.
1,5184	4,80	2,0802	104,010	208,02	416,04	.
1,5823	4,90	2,1678	108,390	216,78	433,56	.
1,6475	5,00	2,2571	112,855	225,71	451,42	.
1,8164	5,25	2,4885	124,425	248,85	497,70	.
1,9935	5,50	2,7311	136,555	273,11	546,22	.
2,1788	5,75	2,9850	149,250	298,50	597,00	.
2,3725	6,00	3,2503	162,515	325,03	650,06	.
2,5742	6,25	3,5267	176,335	352,67	.	.
2,7843	6,50	3,8145	190,725	381,45	.	.
3,0026	6,75	4,1136	205,680	411,36	.	.
3,2292	7,00	4,4240	221,200	442,40	.	.
3,4639	7,25	4,7456	237,280	474,56	.	.
3,7070	7,50	5,0786	253,930	507,86	.	.
3,9581	7,75	5,4226	271,130	542,26	.	.
4,2177	8,00	5,7783	288,915	577,83	.	.
4,4854	8,25	6,1450	307,250	614,50	.	.
4,7615	8,50	6,5232	326,160	652,32	.	.
5,0450	8,75	6,9117	345,585	.	.	.
5,3381	9,00	7,3131	365,655	.	.	.

$1{,}293\dfrac{v^2}{2g}$	v	Millimeter auf Scalenrohr geneigt				
		$^1/_1$	$^1/_{50}$	$^1/_{100}$	$^1/_{200}$	$^1/_{400}$
5,6385	9,25	7,7249	386,245	.	.	.
5,9477	9,50	8,1483	407,415	.	.	.
6,2647	9,75	8,5826	429,130	.	.	.
6,5902	10,00	9,0286	451,430	.	.	.
7,2657	10,50	9,9540	497,700	.	.	.
7,9742	11,00	10,9250	546,250	.	.	.
8,7156	11,50	11,9400	597,000	.	.	.
9,4898	12,00	13,001	650,05	.	.	.
10,297	12,50	14,107	.	.	.	.
11,137	13,00	15,258	.	.	.	.
12,011	13,50	16,455	.	.	.	.
12,917	14,0	17,696	.	.	.	.
13,856	14,5	18,982	.	.	.	.
14,828	15,0	20,314	.	.	.	.
15,833	15,5	21,691	.	.	.	.
16,871	16,0	23,113	.	.	.	.
17,942	16,5	24,580	.	.	.	.
19,046	17,0	26,093	.	.	.	.
20,182	17,5	27,650	.	.	.	.
21,352	18,0	29,253	.	.	.	.
22,555	18,5	30,900	.	.	.	.
23,790	19,0	32,592	.	.	.	.
25,059	19,5	34,332	.	.	.	.
26,360	20,0	36,114	.	.	.	.
29,063	21,0	39,816	.	.	.	.
31,897	22,0	43,699	.	.	.	.
34,862	23,0	47,761	.	.	.	.
37,960	24,0	52,005	.	.	.	.
41,188	25,0	56,428	.	.	.	.
44,550	26,0	61,033	.	.	.	.

$1{,}293\dfrac{v^2}{2g}$	v	Millimeter auf Scalenrohr geneigt				
		$^1/_1$	$^1/_{50}$	$^1/_{100}$	$^1/_{200}$	$^1/_{400}$
48,043	27,0	65,818	.	.	.	.
51,667	28,0	70,784	.	.	.	.
55,423	29,0	75,929	.	.	.	.
59,312	30,0	81,257	.	.	.	.
63,331	31,0	86,764	.	.	.	.
67,484	32,0	92,453	.	.	.	.
71,766	33,0	98,319	.	.	.	.
76,182	34,0	104,370	.	.	.	.
80,730	35,0	110,600	.	.	.	.
85,409	36,0	117,010	.	.	.	.
90,220	37,0	123,600	.	.	.	.
95,162	38,0	130,370	.	.	.	.
100,240	39,0	137,320	.	.	.	.
105,440	40,0	144,460	.	.	.	.
110,780	41,0	151,770	.	.	.	.
116,25	42,0	159,26	.	.	.	.
121,85	43,0	166,94	.	.	.	.
127,58	44,0	174,78	.	.	.	.
133,45	45,0	182,83	.	.	.	.
139,45	46,0	191,04	.	.	.	.
145,58	47,0	199,44	.	.	.	.
151,84	48,0	208,02	.	.	.	.
158,23	49,0	216,78	.	.	.	.
164,75	50,0	225,71	.	.	.	.
237,25	60,0	325,03	.	.	.	.
322,92	70,0	442,40	.	.	.	.
421,77	80,0	577,83	.	.	.	.
533,81	90,0	751,33	.	.	.	.
659,02	100,0	902,86	.	.	.	.

Tabelle II

des relativen Gewichts von trockener Luft bei verschiedenen Temperaturen und verschiedenen Barometerständen im Vergleich zu Luft von 0° bei 760 mm Barometerstand.

$\alpha = 0,003665$

t	700	705	710	715	720	725	730	735	740	745	750	755	760	765	770	775	780	Differenz für 1 mm
— 5°	0,9382	0,9449	0,9516	0,9583	0,9650	0,9717	0,9784	0,9851	0,9919	0,9985	1,0052	1,0119	1,0187	1,0254	1,0321	1,0388	1,0455	0,00134
— 4°	0,9347	0,9414	0,9481	0,9548	0,9614	0,9681	0,9748	0,9815	0,9882	0,9947	1,0015	1,0082	1,0149	1,0215	1,0282	1,0349	1,0416	0,00133
— 3°	0,9312	0,9379	0,9445	0,9512	0,9578	0,9645	0,9711	0,9778	0,9845	0,9910	0,9977	1,0044	1,0111	1,0177	1,0244	1,0310	1,0377	0,00133
— 2°	0,9278	0,9344	0,9411	0,9477	0,9543	0,9610	0,9676	0,9742	0,9809	0,9874	0,9941	1,0007	1,0074	1,0140	1,0206	1,0272	1,0339	0,00132
— 1°	0,9244	0,9310	0,9376	0,9442	0,9508	0,9574	0,9640	0,9706	0,9773	0,9838	0,9904	0,9970	1,0037	1,0103	1,0169	1,0235	1,0301	0,00132
0°	0,9210	0,9276	0,9342	0,9408	0,9473	0,9539	0,9605	0,9671	0,9737	0,9802	0,9868	0,9934	1,0000	1,0066	1,0132	1,0197	1,0263	0,00131
1°	0,9176	0,9242	0,9308	0,9374	0,9438	0,9504	0,9570	0,9636	0,9701	0,9766	0,9832	0,9898	0,9964	1,0029	1,0095	1,0160	1,0226	0,00131
2°	0,9142	0,9208	0,9273	0,9339	0,9403	0,9469	0,9534	0,9600	0,9665	0,9730	0,9795	0,9861	0,9927	0,9992	1,0058	1,0123	1,0188	0,00130
3°	0,9109	0,9174	0,9240	0,9305	0,9369	0,9435	0,9500	0,9565	0,9630	0,9695	0,9760	0,9825	0,9891	0,9956	1,0021	1,0086	1,0151	0,00130
4°	0,9077	0,9142	0,9205	0,9272	0,9336	0,9401	0,9466	0,9531	0,9595	0,9660	0,9725	0,9790	0,9856	0,9921	0,9986	1,0050	1,0115	0,00129
5°	0,9044	0,9109	0,9173	0,9238	0,9302	0,9367	0,9432	0,9496	0,9561	0,9625	0,9690	0,9755	0,9820	0,9884	0,9949	1,0013	1,0078	0,00129
6°	0,9011	0,9076	0,9141	0,9205	0,9269	0,9333	0,9398	0,9463	0,9527	0,9591	0,9655	0,9720	0,9785	0,9849	0,9914	0,9978	1,0042	0,00128
7°	0,8979	0,9044	0,9108	0,9172	0,9236	0,9300	0,9364	0,9429	0,9493	0,9556	0,9621	0,9685	0,9750	0,9814	0,9878	0,9942	1,0006	0,00128
8°	0,8947	0,9011	0,9075	0,9139	0,9203	0,9267	0,9331	0,9395	0,9459	0,9522	0,9586	0,9650	0,9715	0,9779	0,9843	0,9906	0,9970	0,00127
9°	0,8916	0,8980	0,9043	0,9107	0,9170	0,9234	0,9298	0,9362	0,9426	0,9489	0,9553	0,9617	0,9681	0,9744	0,9808	0,9871	0,9936	0,00127
10°	0,8885	0,8948	0,9012	0,9075	0,9138	0,9202	0,9265	0,9329	0,9393	0,9455	0,9519	0,9583	0,9647	0,9710	0,9774	0,9837	0,9901	0,00127
11°	0,8854	0,8917	0,8980	0,9043	0,9106	0,9169	0,9233	0,9296	0,9360	0,9422	0,9486	0,9549	0,9613	0,9676	0,9739	0,9813	0,9866	0,00126
12°	0,8822	0,8885	0,8948	0,9011	0,9074	0,9137	0,9200	0,9263	0,9327	0,9389	0,9452	0,9515	0,9579	0,9642	0,9705	0,9767	0,9830	0,00126
13°	0,8791	0,8853	0,8916	0,8979	0,9041	0,9104	0,9145	0,9230	0,9293	0,9356	0,9419	0,9482	0,9545	0,9607	0,9670	0,9733	0,9796	0,00125
14°	0,8761	0,8823	0,8886	0,8948	0,9010	0,9073	0,9136	0,9199	0,9261	0,9323	0,9386	0,9449	0,9512	0,9574	0,9637	0,9699	0,9762	0,00125
15°	0,8730	0,8792	0,8855	0,8917	0,8979	0,9042	0,9104	0,9167	0,9229	0,9291	0,9353	0,9416	0,9479	0,9541	0,9604	0,9665	0,9728	0,00124
16°	0,8700	0,8762	0,8824	0,8886	0,8948	0,9010	0,9072	0,9135	0,9197	0,9258	0,9321	0,9383	0,9446	0,9508	0,9570	0,9632	0,9694	0,00124
17°	0,8670	0,8732	0,8794	0,8856	0,8917	9,8980	0,9042	0,9104	0,9166	0,9227	0,9289	0,9351	0,9414	0,9476	0,9538	0,9599	0,9661	0,00123
18°	0,8640	0,8701	0,8763	0,8825	0,8886	0,8948	0,9010	0,9072	0,9134	0,9195	0,9257	0,9319	0,9381	0,9442	0,9504	0,9565	0,9628	0,00123
19°	0,8610	0,8672	0,8733	0,8795	0,8856	0,8918	0,8979	0,9041	0,9103	0,9163	0,9225	0,9287	0,9349	0,9410	0,9472	0,9533	0,9595	0,00122
20°	0,8581	0,8642	0,8703	0,8765	0,8825	0,8887	0,8948	0,9010	0,9071	0,9132	0,9194	0,9255	0,9317	0,9378	0,9439	0,9500	0,9562	0,00122
21°	0,8551	0,8612	0,8674	0,8735	0,8795	0,8856	0,8918	0,8979	0,9040	0,9101	0,9162	0,9233	0,9285	0,9346	0,9407	0,9467	0,9529	0,00122
22°	0,8522	0,8584	0,8645	0,8706	0,8766	0,8827	0,8884	0,8949	0,9010	0,9070	0,9131	0,9192	0,9254	0,9315	0,9376	0,9436	0,9497	0,00121
23°	0,8494	0,8555	0,8616	0,8676	0,8736	0,8797	0,8858	0,8919	0,8980	0,9040	0,9101	0,9162	0,9233	0,9283	0,9344	0,9405	0,9466	0,00121
24°	0,8465	0,8526	0,8587	0,8647	0,8707	0,8768	0,8828	0,8889	0,8950	0,9009	0,9070	0,9131	0,9192	0,9252	0,9313	0,9373	0,9434	0,00121
25°	0,8437	0,8497	0,8558	0,8618	0,8678	0,8738	0,8799	0,8859	0,8920	0,8979	0,9040	0,9100	0,9161	0,9221	0,9281	0,9341	0,9402	0,00120
26°	0,8408	0,8468	0,8529	0,8589	0,8648	0,8709	0,8769	0,8829	0,8889	0,8949	0,9009	0,9069	0,9130	0,9190	0,9250	0,9310	0,9370	0,00120
27°	0,8381	0,8441	0,8501	0,8561	0,8620	0,8680	0,8740	0,8800	0,8860	0,8919	0,8979	0,9039	0,9100	0,9160	0,9220	0,9279	0,9339	0,00120
28°	0,8352	0,8412	0,8472	0,8532	0,8591	0,8650	0,8710	0,8770	0,8830	0,8889	0,8949	0,9009	0,9069	0,9128	0,9188	0,9247	0,9308	0,00119
29°	0,8324	0,8384	0,8444	0,8503	0,8562	0,8622	0,8681	0,8741	0,8801	0,8860	0,8919	0,8979	0,9039	0,9098	0,9158	0,9217	0,9277	0,00119
30°	0,8297	0,8356	0,8416	0,8475	0,8534	0,8593	0,8653	0,8712	0,8772	0,8830	0,8890	0,8949	0,9009	0,9068	0,9127	0,9186	0,9246	0,00118

Tabelle III

des Gewichts von 1 m³. trockener Luft bei verschiedenen Temperaturen und verschiedenen Barometerständen

$\alpha = 0,003665$

t	700	705	710	715	720	725	730	735	740	745	750	755	760	765	770	775	780	Differenz für 1 mm
— 5°	1,2132	1,2219	1,2306	1,2393	1,2479	1,2565	1,2652	1,2739	1,2826	1,2912	1,2999	1,3086	1,3173	1,3260	1,3347	1,3433	1,3519	0,00172
— 4°	1,2087	1,2174	1,2260	1,2347	1,2432	1,2519	1,2605	1,2692	1,2779	1,2864	1,2951	1,3037	1,3124	1,3210	1,3297	1,3382	1,3469	0,00172
— 3°	1,2043	1,2129	1,2215	1,2302	1,2387	1,2473	1,2559	1,2641	1,2732	1,2817	1,2903	1,2989	1,3076	1,3162	1,3248	1,3333	1,3420	0,00172
— 2°	1,1998	1,2084	1,2170	1,2256	1,2340	1,2426	1,2512	1,2598	1,2684	1,2769	1,2855	1,2941	1,3027	1,3113	1,3199	1,3283	1,3369	0,00171
— 1°	1,1954	1,2039	1,2125	1,2210	1,2295	1,2380	1,2466	1,2552	1,2637	1,2722	1,2807	1,2893	1,2979	1,3064	1,3150	1,3234	1,3320	0,00171
0°	1,1910	1,1995	1,2081	1,2166	1,2250	1,2336	1,2421	1,2506	1,2592	1,2676	1,2761	1,2846	1,2932	1,3017	1,3102	1,3186	1,3272	0,00170
1°	1,1866	1,1951	1,2036	1,2121	1,2205	1,2290	1,2375	1,2460	1,2545	1,2629	1,2714	1,2799	1,2884	1,2969	1,3054	1,3138	1,3223	0,00170
2°	1,1824	1,1908	1,1993	1,2078	1,2161	1,2246	1,2331	1,2415	1,2500	1,2584	1,2668	1,2753	1,2838	1,2922	1,3007	1,3090	1,3175	0,00169
3°	1,1780	1,1865	1,1949	1,2033	1,2117	1,2201	1,2285	1,2370	1,2454	1,2538	1,2622	1,2706	1,2791	1,2875	1,2960	1,3043	1,3127	0,00168
4°	1,1741	1,1825	1,1909	1,1993	1,2076	1,2160	1,2244	1,2328	1,2413	1,2496	1,2579	1,2664	1,2748	1,2832	1,2916	1,2999	1,3083	0,00167
5°	1,1696	1,1779	1,1863	1,1947	1,2030	1,2113	1,2197	1,2281	1,2365	1,2448	1,2531	1,2615	1,2699	1,2783	1,2866	1,2949	1,3033	0,00167
6°	1,1654	1,1738	1,1821	1,1905	1,1987	1,2070	1,2154	1,2238	1,2321	1,2403	1,2487	1,2570	1,2654	1,2737	1,2821	1,2903	1,2987	0,00166
7°	1,1614	1,1698	1,1781	1,1864	1,1946	1,2029	1,2113	1,2196	1,2279	1,2361	1,2444	1,2528	1,2611	1,2694	1,2777	1,2859	1,2942	0,00166
8°	1,1571	1,1654	1,1737	1,1820	1,1902	1,1985	1,2068	1,2150	1,2233	1,2315	1,2398	1,2481	1,2564	1,2647	1,2730	1,2811	1,2894	0,00165
9°	1,1530	1,1612	1,1695	1,1778	1,1859	1,1942	1,2024	1,2107	1,2190	1,2271	1,2353	1,2436	1,2519	1,2601	1,2684	1,2765	1,2848	0,00165
10°	1,1489	1,1572	1,1654	1,1736	1,1817	1,1900	1,1982	1,2064	1,2147	1,2228	1,2310	1,2392	1,2475	1,2557	1,2639	1,2720	1,2803	0,00164
11°	1,1449	1,1531	1,1613	1,1695	1,1776	1,1858	1,1940	1,2022	1,2104	1,2185	1,2267	1,2349	1,2431	1,2513	1,2595	1,2676	1,2758	0,00164
12°	1,1408	1,1490	1,1572	1,1653	1,1734	1,1816	1,1898	1,1979	1,2061	1,2141	1,2223	1,2305	1,2387	1,2469	1,2550	1,2631	1,2713	0,00163
13°	1,1371	1,1453	1,1534	1,1616	1,1696	1,1778	1,1859	1,1941	1,2022	1,2102	1,2184	1,2265	1,2347	1,2428	1,2510	1,2590	1,2672	0,00163
14°	1,1329	1,1410	1,1491	1,1572	1,1652	1,1734	1,1815	1,1896	1,1977	1,2057	1,2138	1,2220	1,2301	1,2382	1,2463	1,2543	1,2624	0,00162
15°	1,1289	1,1370	1,1451	1,1532	1,1612	1,1693	1,1774	1,1855	1,1935	1,2015	1,2096	1,2177	1,2258	1,2339	1,2420	1,2499	1,2580	0,00161
16°	1,1251	1,1331	1,1412	1,1493	1,1572	1,1653	1,1733	1,1814	1,1894	1,1974	1,2054	1,2135	1,2216	1,2296	1,2377	1,2456	1,2537	0,00161
17°	1,1211	1,1292	1,1372	1,1452	1,1531	1,1612	1,1692	1,1772	1,1853	1,1932	1,2012	1,2092	1,2173	1,2253	1,2333	1,2413	1,2493	0,00160
18°	1,1172	1,1253	1,1333	1,1413	1,1492	1,1572	1,1652	1,1732	1,1812	1,1891	1,1971	1,2051	1,2131	1,2211	1,2291	1,2370	1,2450	0,00160
19°	1,1135	1,1215	1,1294	1,1374	1,1453	1,1532	1,1612	1,1692	1,1772	1,1850	1,1930	1,2010	1,2090	1,2170	1,2249	1,2328	1,2408	0,00159
20°	1,1097	1,1176	1,1256	1,1335	1,1414	1,1493	1,1573	1,1652	1,1732	1,1810	1,1890	1,1969	1,2049	1,2128	1,2208	1,2286	1,2366	0,00159
21°	1,1059	1,1138	1,1218	1,1297	1,1375	1,1454	1,1533	1,1613	1,1692	1,1770	1,1849	1,1928	1,2008	1,2087	1,2166	1,2244	1,2324	0,00158
22°	1,1021	1,1100	1,1179	1,1258	1,1336	1,1415	1,1494	1,1573	1,1652	1,1730	1,1809	1,1888	1,1967	1,2046	1,2125	1,2203	1,2282	0,00158
23°	1,0985	1,1063	1,1142	1,1221	1,1298	1,1377	1,1456	1,1534	1,1613	1,1691	1,1769	1,1848	1,1927	1,2005	1,2084	1,2162	1,2240	0,00157
24°	1,0949	1,1027	1,1106	1,1184	1,1261	1,1340	1,1418	1,1497	1,1575	1,1652	1,1731	1,1809	1,1888	1,1966	1,2045	1,2122	1,2201	0,00156
25°	1,0911	1,0989	1,1067	1,1145	1,1222	1,1301	1,1379	1,1457	1,1535	1,1612	1,1690	1,1769	1,1847	1,1925	1,2003	1,2080	1,2158	0,00156
26°	1,0874	1,0952	1,1030	1,1108	1,1185	1,1262	1,1340	1,1418	1,1496	1,1573	1,1651	1,1729	1,1807	1,1885	1,1963	1,2039	1,2117	0,00155
27°	1,0838	1,0916	1,0993	1,1071	1,1148	1,1225	1,1303	1,1381	1,1458	1,1535	1,1612	1,1690	1,1768	1,1845	1,1923	1,2000	1,2077	0,00155
28°	1,0801	1,0878	1,0956	1,1033	1,1110	1,1187	1,1264	1,1342	1,1419	1,1496	1,1573	1,1650	1,1728	1,1805	1,1883	1,1959	1,2036	0,00154
29°	1,0765	1,0843	1,0920	1,0997	1,1073	1,1150	1,1227	1,1304	1,1381	1,1457	1,1534	1,1612	1,1689	1,1766	1,1843	1,1919	1,1996	0,00154
30°	1,0729	1,0805	1,0883	1,0960	1,1036	1,1113	1,1190	1,1267	1,1343	1,1419	1,1496	1,1573	1,1650	1,1727	1,1804	1,1879	1,1956	0,00153

Tabelle IV

des specifischen Gewichtes von Luft bei verschiedenen Temperaturen, das Gewicht von Luft bei 0° gleich 1,000 gesetzt.

$\alpha = 0{,}003665.$ $\dfrac{1}{1+\alpha\,t}$

t	0	1	2	3	4	5	6	7	8	9
0	1,00000	0,99635	0,99273	0,98912	0,98555	0,98200	0,97858	0,97499	0,97152	0,96808
10	0,96465	0,96126	0,95788	0,95453	0,95120	0,94789	0,94460	0.94135	0,93810	0,93704
20	0,93171	0,92854	0,92538	0,92225	0,91916	0,91607	0,91300	0,90996	0,90692	0,90392
30	0,90095	0,89797	0,89504	0,89211	0,88920	0,88630	0,88345	0,88058	0,87775	0,87494
40	0,87215	0,86936	0,86660	0,86385	0,86113	0,85842	0,85574	0,85306	0,85039	0,84775
50	0,84512	0,84252	0,83990	0,83736	0,83480	0,83224	0.82972	0,82720	0,82469	0,82222
60	0,81975	0,81728	0,81484	0,81242	0,81001	0,80761	0,80521	0,80286	0,80050	0,79816
70	0,79583	0,79352	0,79121	0 78893	0,78665	0,78439	0,78215	0,77990	0,77768	0,77548
80	0,77327	0,77110	0,76892	0,76676	0,76461	0,76247	0,76034	0,75823	0,75614	0,75405
90	0,75197	0,74990	0,74784	0,74580	0,74377	0,74174	0,73972	0,73773	0,78575	0,73377
100	0,73180	0,72984	0,72788	0,72596	0,72404	0,72212	0,72021	0,71831	0,71643	0,71455
110	0,71268	0,71082	0,70897	0,70715	0,70531	0,70349	0,70170	0,69989	0,69809	0,69632
120	0,69438	0,69279	0.69102	0,68927	0,68754	0,68581	0,68408	0,68239	0,68068	0,67898
130	0,67730	0,67563	0,67395	0,67230	0,67064	0,66901	0,66736	0,66573	0,66410	0,66250
140	0,66089	0,65930	0,65772	0,65613	0,65456	0,65298	0,65142	0,64988	0,64834	0,64680
150	0,64527	0,64374	0,64223	0,64072	0,63928	0,63772	0,63624	0,63476	0,63314	0,63182
160	0,63036	0,62890	0,62754	0,62602	0,62458	0,62316	0,62173	0,62033	0,61893	0,61752
170	0,61613	0,61474	0,61335	0,61198	0,61059	0,60924	0,60787	0,60654	0,60519	0,60385
180	0,60252	0,60120	0,59986	0,59855	0,59724	0,59594	0,59463	0,59335	0,59205	0,59077
190	0,58950	0,58823	0,58696	0,58571	0,58445	0,58320	0,58196	0,58072	0,57948	0,57825
200	0,57703	0,57581	0,57459	0,57339	0,57219	0,57099	0,56980	0,56862	0,56743	0,56625
210	0,56508	0,56391	0,56274	0,56160	0,56044	0,55929	0,55815	0,55701	0,55588	0,55487
220	0,55362	0,55250	0,55138	0,55027	0,54916	0,54806	0,54695	0,54586	0,54478	0,54369
230	0,54260	0,54153	0,54046	0,53939	0,53832	0,53727	0,53620	0,53526	0,53411	0,53306
240	0,53202	0,53099	0,52997	0,52894	0,52791	0,52689	0,52587	0,52487	0,52385	0,52285
250	0,52186	0,52086	0,51986	0,51887	0,51789	0,51690	0,51593	0,51496	0,51399	0,51303
260	0,51206	0,51111	0,51014	0,50919	0,50824	0,50729	0,50635	0,50542	0,50449	0,50356
270	0,50236	0,50171	0,50078	0,49986	0,49895	0,49805	0,49713	0,49623	0,49532	0,49442
280	0,49354	0,49265	0,49176	0,49087	0,48999	0,48911	0,48824	0,48736	0,48650	0,48562
290	0,48476	0,48390	0,48305	0,48219	0,48134	0,48048	0,47966	0,47881	0,47797	0,47713
300	0,47630	0,47548	0,47465	0,47383	0,47301	0,47218	0,47137	0,47056	0,46974	0,46893
310	0,46813	0,46734	0,46653	0,46574	0,46494	0,46415	0,46336	0,46257	0,46180	0,46101
320	0,46024	0,45945	0,45869	0,45792	0,45714	0,45638	0,45563	0,45486	0,45410	0,45335
330	0,45260	0,45185	0,45110	0,45035	0,44960	0,44887	0,44814	0,44730	0,44667	0,44594
340	0,44522	0,44449	0,44376	0,44304	0,44232	0,44161	0,44090	0,44019	0,43948	0,43877
350	0,43807	0,43736	0,43666	0,43596	0,43509	0,43458	0,43389	0,43320	0,43252	0,43183
360	0,43114	0,43047	0,42978	0,42911	0,42844	0,42777	0,42710	0,42643	0,42577	0,42510
370	0,42443	0,42378	0,42313	0,42247	0,42182	0,42117	0,42052	0,41988	0,41923	0,41858
380	0,41794	0,41729	0,41666	0,41603	0,41539	0,41476	0,41413	0,41350	0,41288	0,41225
390	0.41163	0,41102	0,41039	0,40978	0,40917	0,40855	0,40794	0,40733	0,40672	0,40612
400	0,40552	0,40491	0,40432	0,40371	0,40312	0,40252	0,40193	0,40134	0,40075	0,40016
410	0,39957	0,39900	0,39841	0,39782	0,39725	0,39667	0,39600	0,39552	0,39495	0,39438
420	0,39381	0,39324	0,39267	0,39211	0.39155	0,39098	0,39043	0,38987	0,38931	0,38876
430	0,38820	0,38766	0,38711	0,38655	0,38601	0,38546	0,38492	0,38438	0,38384	0,38330
440	0,38276	0,38223	0,38169	0,38115	0,38063	0,38009	0,37957	0,37904	0,37851	0,37799
450	0,37747	0,37695	0,37643	0,37591	0,37539	0,37487	0,37436	0,37385	0,37334	0,37283
460	0,37231	0,37180	0,37130	0,37080	0,37030	0,36979	0,36929	0,36879	0,36829	0,36780

t	0	1	2	3	4	5	6	7	8	9
470	0,36730	0,36681	0,36632	0,36582	0,36533	0,36485	0,36436	0,36387	0,36339	0,36290
480	0,36243	0,36194	0,36147	0,36099	0,36050	0,36003	0,35956	0,35908	0,35862	0,35815
490	0,35768	0,35721	0,35674	0,35627	0,35580	0,35534	0,35488	0,35450	0,35396	0,35350
500	0,35304	0,35259	0,35214	0,35168	0,35123	0,35078	0,35032	0,34988	0,34943	0,34898
510	0,34854	0,34809	0,34764	0,34721	0,34675	0,34632	0,34588	0,34545	0,34501	0,34457
520	0,34414	0,34370	0,34327	0,34284	0,34241	0,34198	0,34155	0,34113	0,34070	0,34027
530	0,33985	0,33943	0,33901	0,33859	0,33817	0,33775	0,33733	0,33691	0,33650	0,33609
540	0,33567	0,33526	0,33485	0,33444	0,33403	0,33362	0,33322	0,33281	0,33240	0,33199
550	0,33159	0,33119	0,33079	0,33039	0,32991	0,32959	0,32919	0,32879	0,32840	0,32801
560	0,32761	0,32722	0,32683	0,32644	0,32605	0,32566	0,32527	0,32488	0,32454	0,32411
570	0,32372	0,32334	0,32296	0,32258	0,32220	0,32182	0,32143	0,32105	0,32068	0,32030
580	0,31992	0,31955	0,31918	0,31881	0,31843	0,31807	0,31769	0,31732	0,31696	0,31658
590	0,31622	0,31586	0,31549	0,31512	0,31476	0,31440	0,31404	0,31368	0,31331	0,31295
600	0,31260	0,31224	0,31188	0,31152	0,31117	0,31082	0,31046	0,31011	0,30976	0,30941
610	0,30906	0,30871	0,30835	0,30861	0,30766	0,30731	0,30697	0,30663	0,30629	0,30594
620	0,30560	0,30525	0,30492	0,30457	0,30424	0,30389	0,30356	0,30322	0,30288	0,30255
630	0,30221	0,30188	0,30154	0,30121	0,30088	0,30055	0,30021	0,29988	0,29955	0,29923
640	0,29890	0,29857	0,29825	0,29792	0,29760	0,29727	0,29695	0,29663	0,29631	0,29598
650	0,29566	0,29534	0,29502	0,29471	0,29439	0,29407	0,29375	0,29343	0,29311	0,29281
660	0,29249	0,29217	0,29186	0,29156	0,29125	0,29093	0,29062	0,29032	0,29000	0,28969
670	0,28939	0,28908	0,28878	0,28847	0,28816	0,28786	0,28756	0,28726	0,28696	0,28666
680	0,28635	0,28606	0,28575	0,28546	0,28515	0,28486	0,28456	0,28426	0,28397	0,28367
690	0,28338	0,28309	0,28279	0,28250	0,28221	0,28192	0,28162	0,28133	0,28104	0,28076
700	0,28047	0,28018	0,27989	0,27960	0,27932	0,27903	0,27875	0,27846	0,27818	0,27789
710	0,27761	0,27733	0,27704	0,27676	0,27649	0,27620	0,27593	0,27564	0,27537	0,27509
720	0,27499	0,27454	0,27426	0,27398	0,27371	0,27344	0,27318	0,27289	0,27262	0,27235
730	0,27208	0,27181	0,27154	0,27126	0,27099	0,27073	0,27046	0,27019	0,26992	0,26966
740	0,26939	0,26912	0,26886	0,26860	0,26833	0,26806	0,26781	0,26754	0,26738	0,26702
750	0,26675	0,26650	0,26623	0,26597	0,26572	0,26545	0,26526	0,26494	0,26469	0,26448
760	0,26417	0,26392	0,26366	0,26341	0,26315	0,26290	0,26265	0,26239	0,26214	0,26189
770	0,26164	0,25139	0,26114	0,26089	0,26064	0,26039	0,26015	0,25990	0,25965	0,25941
780	0,25916	0,26891	0,25867	0,25842	0,25817	0,25793	0,25769	0,25744	0,25720	0,25696
790	0,25671	0,25648	0,25624	0,25599	0,25575	0,25552	0,25528	0,25504	0,25480	0,25456
800	0,25433	0,25409	0,25385	0,25361	0,25338	0,25315	0,25291	0,25267	0,25243	0,25220
810	0,25197	0,25174	0,25151	0,25128	0,25104	0,25081	0,25059	0,25036	0,25013	0,24990
820	0,24967	0,24944	0,24921	0,24898	0,24875	0,24853	0,24831	0,24808	0,24786	0,24763
830	0,24740	0,24718	0,24696	0,24673	0,24651	0,24629	0,24607	0,24584	0,24562	0,24540
840	0,24518	0,24496	0,24474	0,24452	0,24430	0,24408	0,24387	0,24365	0,24343	0,24321
850	0,24300	0,24278	0,24257	0,24235	0,24214	0,24192	0,24171	0,24149	0,24128	0,24107
860	0,24085	0,24064	0,24043	0,24021	0,24000	0,23979	0,23959	0,23938	0,23917	0,23895
870	0,23875	0,23853	0,23833	0,23812	0,23791	0,23771	0,23750	0,23729	0,23708	0,23688
880	0,23667	0,23647	0,23627	0,23606	0,23586	0,23566	0,23545	0,23525	0,23504	0,23484
890	0,23458	0,23444	0,23423	0,23404	0,23384	0,23364	0,23344	0,23324	0,23303	0,23284
900	0,23264	0,23244	0,23224	0,23204	0,23185	0,23165	0,23145	0,23125	0,23106	0,23087
910	0,23067	0,23048	0,23028	0,23009	0,22990	0,22979	0,22951	0,22931	0,22912	0,22893
920	0,22874	0,22854	0,22835	0,22817	0,22797	0,22779	0,22759	0,22740	0,22722	0,22702
930	0,22685	0,22665	0,22646	0,22627	0,22608	0,22590	0,22572	0,22552	0,22533	0,22515
940	0,22497	0,22478	0,22459	0,22441	0,22423	0,22404	0,22386	0,22368	0,22349	0,22331
950	0,22313	0,22295	0,22276	0,22257	0,22240	0,22222	0,22204	0,22186	0,22168	0,22150
960	0,22131	0,22119	0,22096	0,22078	0,22260	0,22042	0,22024	0,22006	0,21989	0,21972
970	0,21955	0,21936	0,21919	0,21901	0,21883	0,21866	0,21848	0,21831	0,21813	0,21796

t	0	1	2	3	4	5	6	7	8	9
980	0,21779	0,21761	0,21744	0,21727	0,21709	0,21692	0,21675	0,21658	0,21640	0,21623
990	0,21606	0,21589	0,21572	0,21555	0,21538	0,21521	0,21504	0,21487	0,21470	0,21453
1000	0,21436	0,21420	0,21403	0,21386	0,21369	0,21353	0,21336	0,21319	0,21302	0,21286
1010	0,21269	0,21253	0,21236	0,21219	0,21203	0,21187	0,21170	0,21153	0,21138	0,21121
1020	0,21104	0,21088	0,21072	0,21056	0,21039	0,21018	0,21007	0,20991	0,20974	0,20959
1030	0,20943	0,20926	0,20910	0,20894	0,20874	0,20863	0,20847	0,20831	0,20815	0,20799
1040	0,20783	0,20767	0,20752	0,20736	0,20720	0,20704	0,20689	0,20673	0,20667	0,20642
1050	0,20626	0,20611	0,20595	0,20579	0,20564	0,20548	0,20533	0,20517	0,20498	0,20487
1060	0,20471	0,20456	0,20440	0,20425	0,20410	0,20395	0,20379	0,20364	0,20349	0,20334
1070	0,20319	0,20303	0,20288	0,20274	0,20258	0,20243	0,20228	0,20213	0,20198	0,20183
1080	0,20168	0,20154	0,20139	0,20124	0,20109	0,20094	0,20079	0,20065	0,20050	0,20035
1090	0,20020	0,20006	0,19991	0,19977	0,19957	0,19948	0,19933	0,19919	0,19904	0,19889
1100	0,19875	0,19860	0,19846	0,19832	0,19817	0,19802	0,19788	0,19774	0,19760	0,19746
1110	0,19731	0,19717	0,19703	0,19688	0,19674	0,19660	0,19646	0,19632	0,19617	0,19603
1120	0,19589	0,19575	0,19561	0,19547	0,19533	0,19520	0,19506	0,19491	0,19477	0,19463
1130	0,19450	0,19436	0,19422	0,19408	0,19394	0,19381	0,19367	0,19353	0,19340	0,19326
1140	0,19312	0,19298	0,19285	0,19271	0,19258	0,19244	0,19231	0,19217	0,19203	0,19190
1150	0,19176	0,19163	0,19149	0,19136	0,19123	0,19109	0,19096	0,19083	0,19069	0,19056
1160	0,19043	0,19029	0,19016	0,19003	0,18990	0,18976	0,18963	0,18950	0,18937	0,18914
1170	0,18911	0,18898	0,18885	0,18872	0,18858	0,18845	0,18832	0,18819	0,18802	0,18793
1180	0,18780	0,18768	0,18755	0,18742	0,18729	0,18716	0,18703	0,18690	0,18678	0,18663
1190	0,18652	0,18639	0,18626	0,18614	0,18601	0,18589	0,18576	0,18563	0,18551	0,18538
1200	0,18526	0,18513	0,18500	0,18488	0,18475	0,18463	0,18450	0,18438	0,18425	0,18413
1210	0,18401	0,18388	0,18376	0,18363	0,18351	0,18338	0,18326	0,18314	0,18302	0,18290
1220	0,18277	0,18265	0,18253	0,18241	0,18238	0,18217	0,18204	0,18192	0,18180	0,18168
1230	0,18155	0,18144	0,18131	0,18119	0,18107	0,18095	0,18083	0,18071	0,18059	0,18048
1240	0,18036	0,18024	0,18012	0,18000	0,17988	0,17976	0,17965	0,17952	0,17941	0,17929
1250	0,17917	0,17906	0,17894	0,17882	0,17870	0,17858	0,17847	0,17835	0,17823	0,17812
1260	0,17800	0,17789	0,17777	0,17766	0,17754	0,17741	0,17731	0,17720	0,17708	0,17696
1270	0,17685	0,17673	0,17662	0,17651	0,17639	0,17628	0,17617	0,17605	0,17594	0,17582
1280	0,17571	0,17560	0,17549	0,17537	0,17528	0,17515	0,17503	0,17492	0,17481	0,17470
1290	0,17459	0,17447	0,17436	0,17425	0,17414	0,17403	0,17392	0,17381	0,17370	0,17362
1300	0,17348	0,17336	0,17325	0,17314	0,17304	0,17293	0,17282	0,17271	0,17260	0,17249
1310	0,17238	0,17227	0,17216	0,17205	0,17195	0,17184	0,17173	0,17162	0,17151	0,17140
1320	0,17130	0,17119	0,17108	0,17097	0,17087	0 17076	0,17065	0,17055	0,17044	0,17033
1330	0,17023	0,17012	0,17002	0,16991	0,16981	0,16970	0,16959	0,16949	0,16938	0,16928
1340	0,16917	0,16907	0,16897	0,16886	0,16876	0,16865	0,16855	0,16844	0,16834	0,16823
1350	0,16813	0,16803	0,16792	0,16782	0,16772	0,16761	0,16751	0,16741	0,16730	0,16720
1360	0,16710	0,16700	0,16690	0,16679	0,16669	0,16659	0,16649	0,16639	0,16629	0,16619
1370	0,16609	0,16598	0,16588	0,16578	0,16568	0,16558	0,16548	0,16538	0,16528	0,16517
1380	0,16508	0,16498	0,16488	0,16478	0,16468	0,16458	0,16448	0,16438	0,16428	0,16419
1390	0,16409	0,16399	0,16389	0,16379	0,16369	0,16359	0,16350	0,16340	0,16330	0,16320
1400	0,16311	0,16301	0,16291	0,16281	0,16271	0,16262	0,16252	0,16242	0,16233	0,16223
1410	0,16213	0,16204	0,16194	0,16185	0,16175	0,16166	0,16156	0,16146	0,16137	0,16128
1420	0,16118	0,16108	0,16099	0,16089	0,16080	0,16071	0,16061	0,16051	0,16042	0,16032
1430	0,16023	0,16013	0,16004	0,15995	0,15986	0,15976	0,15967	0,15958	0,15948	0,15939
1440	0,15930	0,15920	0,15911	0,15901	0,15892	0,15883	0,15874	0,15865	0,15856	0,15846
1450	0,15837	0,15828	0,15819	0,15810	0,15801	0,15791	0,15782	0,15773	0,15764	0,15755
1460	0,15746	0,15736	0,15727	0,15718	0,15709	0,15700	0,15692	0,15682	0,15673	0,15664
1470	0,15654	0,15647	0,15637	0,15628	0,15619	0,15610	0,15601	0,15593	0,15584	0,15575
1480	0,15566	0,15557	0,15548	0,15539	0,15530	0,15522	0,15513	0,15504	0,15495	0,15487

t	0	1	2	3	4	5	6	7	8	9
1490	0,15478	0,15469	0,15460	0,15451	0,15442	0,15434	0,15425	0,15417	0,15408	0,15399
1500	0,15390	0,15382	0,15373	0,15365	0,15356	0,15347	0,15339	0,15330	0,15321	0,15313
1510	0,15304	0,15296	0,15287	0,15278	0,15270	0,15261	0,15253	0,15244	0,15236	0,15227
1520	0,15219	0,15212	0,15202	0,15193	0,15185	0,15176	0,15168	0,15159	0,15151	0,15143
1530	0,15134	0,15126	0,15118	0,15109	0,15101	0,15092	0,15084	0,15076	0,15067	0,15059
1540	0,15051	0,15042	0,15034	0,15026	0,15018	0,15009	0,15001	0,14993	0,14985	0,14976
1550	0,14968	0,14960	0,14952	0,14944	0,14935	0,14927	0,14919	0,14911	0,14903	0,14895
1560	0,14887	0,14879	0,14870	0,14862	0,14854	0,14846	0,14838	0,14830	0,14822	0,14814
1570	0,14806	0,14798	0,14790	0,14782	0,14774	0,14766	0,14758	0,14750	0,14742	0,14734
1580	0,14726	0,14718	0,14710	0,14702	0,14694	0,14686	0,14678	0,14670	0,14663	0,14655
1590	0,14647	0,14639	0,14631	0,14623	0,14616	0,14608	0,14600	0,14592	0,14585	0,14577
1600	0,14569	0,14561	0,14553	0,14545	0,14536	0,14528	0,14520	0,14514	0,14506	0,14499
1610	0,14491	0,14484	0,14476	0,14468	0,14461	0,14453	0,14445	0,14438	0,14430	0,14422
1620	0,14415	0,14407	0,14399	0,14392	0,14384	0,14377	0,14369	0,14361	0,14354	0,14346
1630	0,14339	0,14331	0,14324	0,14316	0,14309	0,14301	0,14294	0,14286	0,14279	0,14271
1640	0,14264	0,14256	0,14249	0,14241	0,14234	0,14227	0,14219	0,14212	0,14204	0,14197
1650	0,14187	0,14182	0,14175	0,14168	0,14160	0,14153	0,14146	0,14139	0,14131	0,14124
1660	0,14116	0,14109	0,14102	0,14095	0,14087	0,14080	0,14073	0,14065	0,14058	0,14051
1670	0,14044	0,14037	0,14029	0,14022	0,14015	0,14008	0,14001	0,13994	0,13987	0,13980
1680	0,13972	0,13965	0,13957	0,13950	0,13943	0,13936	0,13929	0,13922	0,13915	0,13908
1690	0,13901	0,13894	0,13887	0,13880	0,13872	0,13865	0,13858	0,13851	0,13844	0,13837
1700	0,13830	0,13823	0,13816	0,13809	0,13802	0,13795	0,13788	0,13781	0,13774	0,13767
1710	0,13760	0,13754	0,13747	0,13740	0,13733	0,13726	0,13719	0,13712	0,13705	0,13698
1720	0,13691	0,13684	0,13677	0,13671	0,13664	0,13657	0,13650	0,13643	0,13637	0,13630
1730	0,13623	0,13616	0,13609	0,13602	0,13596	0,13589	0,13582	0,13575	0,13569	0,13562
1740	0,13555	0,13549	0,13542	0,13535	0,13528	0,13521	0,13515	0,13508	0,13502	0,13495
1750	0,13488	0,13482	0,13475	0,13468	0,13462	0,13455	0,13448	0,13442	0,13435	0,13429
1760	0,13422	0,13415	0,13409	0,13402	0,13396	0,13389	0,13382	0,13376	0,13369	0,13363
1770	0,13356	0,13350	0,13343	0,13337	0,13330	0,13324	0,13317	0,13310	0,13304	0,13298
1780	0,13291	0,13285	0,13278	0,13272	0,13265	0,13259	0,13252	0,13246	0,13239	0,13233
1790	0,13227	0,13220	0,13214	0,13208	0,13201	0,13195	0,13188	0,13183	0,13176	0,13169
1800	0,13163	0,13157	0,13150	0,13144	0,13138	0,13131	0,13125	0,13118	0,13112	0,13106
1810	0,13100	0,13093	0,13087	0,13081	0,13074	0,13068	0,13062	0,13056	0,13050	0,13043
1820	0,13037	0,13031	0,13025	0,13019	0,13012	0,13006	0,13000	0,12993	0,12987	0,12981
1830	0,12975	0,12969	0,12963	0,12957	0,12951	0,12944	0,12938	0,12932	0,12926	0,12920
1840	0,12914	0,12908	0,12901	0,12895	0,12889	0,12883	0,12880	0,12872	0,12865	0,12859
1850	0,12853	0,12849	0,12841	0,12835	0,12829	0,12823	0,12817	0,12811	0,12805	0,12799
1860	0,12792	0,12787	0,12781	0,12778	0,12769	0,12763	0,12757	0,12751	0,12745	0,12739
1870	0,12733	0,12727	0,12721	0,12715	0,12709	0,12703	0,12697	0,12691	0,12686	0,12680
1880	0,12674	0,12668	0,12662	0,12656	0,12650	0,12644	0,12638	0,12630	0,12627	0,12621
1890	0,12614	0,12610	0,12601	0,12598	0,12592	0,12586	0,12581	0,12575	0,12569	0,12563
1900	0,12557	0,12551	0,12546	0,12540	0,12534	0,12529	0,12523	0,12517	0,12511	0,12505
1910	0,12499	0,12494	0,12488	0,12482	0,12476	0,12471	0,12465	0,12460	0,12454	0,12448
1920	0,12442	0,12436	0,12431	0,12425	0,12420	0,12414	0,12409	0,12403	0,12397	0,12390
1930	0,12386	0,12380	0,12375	0,12370	0,12364	0,12358	0,12352	0,12347	0,12341	0,12335
1940	0,12332	0,12327	0,12321	0,12315	0,12309	0,12303	0,12298	0,12292	0,12286	0,12280
1950	0,12275	0,12269	0,12263	0,12257	0,12251	0,12246	0,12240	0,12234	0,12228	0,12222
1960	0,12220	0,12214	0,12209	0,12204	0,12198	0,12192	0,12187	0,12182	0,12176	0,12171
1970	0,12165	0,12160	0,12154	0,12149	0,12143	0,12138	0,12133	0,12127	0,12122	0,12117
1980	0,12111	0,12106	0,12100	0,12095	0,12090	0,12084	0,12079	0,12073	0,12068	0,12063
1990	0,12058	0,12052	0,12047	0,12042	0,12036	0,12031	0,12026	0,12020	0,12015	0,12010

Tabelle V

des Volumens von Luft bei verschiedenen Temperaturen, das Volumen der Luft
von 0° gleich 1,000 gesetzt.

$\alpha = 0,003665.$ $= 1 + \alpha\, t.$

t	0	1	2	3	4	5	6	7	8	9
0	1,00000	1,00366	1,00732	1,01098	1,01464	1,01830	1,02196	1,02562	1,02928	1,03294
10	1,03660	1,04026	1,04392	1,04758	1,05124	1,05490	1,05856	1,06222	1,06588	1,06954
20	1,07320	1,07686	1,08052	1,08418	1,08784	1,09150	1,09516	1,09882	1,10248	1,10614
30	1,10980	1,11346	1,11712	1,12078	1,12444	1,12810	1,13176	1,13542	1,13908	1,14274
40	1,14640	1,15006	1,15372	1,15738	1,16104	1,16470	1,16836	1,17202	1,17568	1,17934
50	1,18300	1,18666	1,19032	1,19398	1,19764	1,20130	1,20496	1,20862	1,21228	1,21694
60	1,21960	1,22326	1,22792	1,23058	1,23424	1,23790	1,24156	1,24522	1,24888	1,25254
70	1,25620	1,25986	1,26352	1,26718	1,27084	1,27450	1,27816	1,28182	1,28548	1,28914
80	1,29280	1,29646	1,30012	1,30378	1,30744	1,31110	1,31476	1,31842	1,32208	1,32574
90	1,32940	1,33306	1,33672	1,34038	1,34404	1,34770	1,35136	1,35502	1,35868	1,36234
100	1,36600	1,36966	1,37332	1,37698	1,38064	1,38430	1,38796	1,39162	1,39528	1,39894
110	1,40260	1,40626	1,40992	1,41358	1,41724	1,42090	1,42456	1,42822	1,43188	1,43554
120	1,43920	1,44286	1,44652	1,45018	1,45384	1,45750	1,46116	1,46482	1,46848	1,47214
130	1,47580	1,47946	1,48312	1,48678	1,49044	1,49410	1,49776	1,50142	1,50508	1,50874
140	1,51240	1,51606	1,51972	1,52338	1,52704	1,53070	1,53436	1,53802	1,54168	1,54534
150	1,54900	1,55266	1,55632	1,55998	1,56364	1,56730	1,57096	1,57462	1,57828	1,58194
160	1,58560	1,58926	1,59292	1,59658	1,60024	1,60390	1,60756	1,61122	1,61488	1,61854
170	1,62220	1,62586	1,62952	1,63318	1,63684	1,64050	1,64416	1 64782	1,65148	1,65514
180	1,65880	1,66246	1,66612	1,66978	1,67344	1,67710	1,68076	1,68442	1,68808	1,69174
190	1,69540	1,69906	1,70272	1,70638	1,71004	1,71370	1,71736	1,72102	1,72468	1,72834
200	1,73200	1,73566	1,73932	1,74298	1,74664	1,75030	1,75396	1,75762	1,76128	1,76494
210	1,76860	1,77226	1,77592	1,77958	1,78324	1,78690	1,79056	1,79422	1,79788	1,80154
220	1,80520	1,80886	1,81252	1,81618	1,81984	1,82350	1,82716	1,83082	1,83448	1,83814
230	1.84180	1,84546	1,84912	1,85278	1,85644	1,86010	1,86376	1,86742	1,87108	1,87474
240	1,87840	1,88206	1,88572	1,88938	1,89304	1,89670	1,90036	1,90402	1,90768	1,91134
250	1,91500	1,91866	1,92232	1,92598	1,92964	1,93330	1,93696	1,94062	1,94428	1,94794
260	1,95160	1,95526	1.95892	1,96258	1,96624	1,96990	1,97356	1,97722	1,98088	1,98454
270	1,98820	1,99186	1,99552	1,99918	2,00284	2,00650	2,01016	2,01382	2,01748	2,02114
280	2,02480	2,02846	2,03212	2,03578	2,03944	2,04310	2,04676	2,05042	2,05408	2,05774
290	2,06140	2,06506	2,06872	2,07238	2,07604	2,07970	2,08336	2,08702	2,09068	2,09434
300	2,09800	2,10166	2,10532	2,10898	2,11264	2,11630	2,11996	2,12362	2,12728	2,13094
310	2,13460	2,13826	2,14192	2,14558	2,14924	2,15290	2,15656	2,16022	2,16388	2,16754
320	2,17120	2,17486	2,17852	2,18218	2,18584	2,18950	2,19316	2,19682	2,20048	2,20414
330	2,20780	2,21146	2,21512	2,21878	2,22244	2,22610	2,22976	2,23342	2,23708	2,24074
340	2,24440	2,24806	2,25172	2,25538	2,25904	2,26270	2,26636	2,27002	2,27368	2,27734
350	2,28100	2,28466	2,28832	2,29198	2,29564	2,29930	2,30296	2,30662	2,31028	2,31394
360	2,31760	2,32126	2,32492	2,32868	2,33224	2,33590	2,33956	2,34322	2,34688	2,35054
370	2,35420	2,35786	2,36152	2,36518	2,36884	2,37250	2,37616	2,37982	2,38348	2,38714
380	2,39080	2,39446	2,39812	2,40178	2,40544	2,40910	2,41276	2,41642	2,42008	2,42374
390	2,42740	2,43106	2,43472	2,43838	2,44204	2,44570	2,44936	2,45302	2,45668	2,46034
400	2,46400	2,46766	2,47132	2,47498	2,47864	2,48230	2,48596	2,48962	2,49328	2,49694
410	2,50060	2,50426	2,50792	2,51158	2,51524	2,51890	2,52256	2,52622	2,52988	2,53354
420	2,53720	2,54086	2,54452	2,54818	2,55184	2,55550	2,55916	2,56282	2,56648	2,57014
430	2,57380	2,57746	2,58112	2,58478	2,58844	2,59210	2,59576	2,59942	2,60308	2,60674
440	2,61040	2,61406	2,61772	2,62138	2,62504	2,62870	2,63236	2,63602	2,63968	2,64334
450	2,64700	2,65066	2,65432	2,65798	2,66164	2,66530	2,66896	2,67262	2,67628	2,67994
460	2,68360	2,68726	2,69092	2,69468	2,69824	2,70190	2,70556	2,70922	2,71288	2,71654

t	0	1	2	3	4	5	6	7	8	9
470	2,72020	2,72386	2,72752	2,73118	2,73484	2,73850	2,74216	2 74582	2,74948	2,75314
480	2,75680	2,76046	2,76412	2,76778	2,77144	2,77510	2,77876	2,78242	2,78608	2,78974
490	2,79340	2,79706	2,80072	2,80438	2,80804	2,81170	2,81536	2,81902	2,82268	2,82634
500	2,83000	2,83366	2,83732	2,84098	2.84464	2,84830	2,85196	2,85562	2 85928	2,86294
510	2,86660	2,87026	2,87392	2,87758	2,88124	2,88490	2,88856	2,89222	2,89588	2,89954
520	2,90320	2,90686	2,91052	2,91418	2,91784	2,92150	2,92516	2,92882	2,93248	2,93614
530	2,93980	2,94346	2,94712	2,95078	2,95444	2,95810	2,96176	2,96542	2,96908	2,97274
540	2,97640	2,98006	2,98372	2,98738	2,99104	2,99470	2,99836	3,00202	3,00568	3,00934
550	3,01300	3,01666	3 02032	3,02398	3,02764	3,03130	3,03496	3,03862	3,04228	3,04594
560	3,04960	3,05326	3,05692	3,06058	3,06424	3,06790	3,07156	3,07722	3,07888	3,08254
570	3,08620	3,08986	3,09352	3,09718	3,10084	3,10450	3,10816	3,11182	3,11548	3,11914
580	3,12280	3,12646	3,13012	3,13378	3,13744	3,14110	3,14476	3,14842	3,15208	3,15574
590	3,15940	3,16306	3,16672	3.17038	3,17404	3,17770	3,18136	3,18502	3,18868	3,19234
600	3,19600	3,19966	3,20332	3.20698	3,21064	3,21430	3,21796	3,22162	3,22528	3,22894
610	3,23260	3,23626	3,23992	3,24358	3,24724	3,25090	3,25456	3,25822	3,26188	3,26554
620	3,26920	3,27286	3,27652	3,28018	3,28384	3,28750	3,29116	3,29482	3,29848	3,30214
630	3,30580	3,30946	3,31312	3,31678	3,32044	3,32410	3,32776	3,33142	3,33508	3,33874
640	3,34240	3,34606	3,34972	3,35338	3,35704	3,36070	3,36436	3,36802	3,37168	3,37534
650	3,37900	3,38266	3,38632	3,38998	3,39364	3,39730	3,40096	3,40462	3,40828	3,41194
660	3,41560	3,41926	3,42292	3,42658	3,43024	3,43390	3,43756	3,44122	3,44488	3,44854
670	3,45220	3,45586	3,45952	3,46318	3,46684	3,47050	3,47416	3,47782	3,48148	3,48514
680	3,48880	3,49246	3,49612	3,49978	3,50344	3,50710	3,51076	3,51442	3,51808	3,52174
690	3,52540	3,52906	3,53272	3,53638	3,54004	3,54370	3,54736	3,55102	3,55468	3 55834
700	3,56200	3,56566	3,56932	3,57298	3,57664	3,58030	3,58396	3,58762	3,59128	3,59494
710	3,59860	3,60226	3,60592	3,60958	3,61324	3,61690	3,62056	3,62422	3,62788	3,63154
720	3,63520	3,63886	3,64252	3,64618	3,64984	3,65350	3,65716	3,66082	3,66448	3,66814
730	3,67180	3,67546	3,67912	3,68278	3,68644	3,69010	3,69376	3,69742	3,70108	3,70474
740	3,70840	3,71206	3,71572	3,71938	3,72304	3,72670	3,73036	3,73402	3,73768	3,74134
750	3,74500	3,74866	3,75232	3,75598	3,75964	3,76330	3,76696	3,77062	3,77428	3,77794
760	3,78160	3,78526	3,78892	3,79258	3,79624	3,79990	3,80356	3,80722	3,81088	3,81454
770	3,81820	3,82186	3,82552	3,82918	3,83284	3,83650	3,84016	3,84382	3,84748	3,85114
780	3,85480	3,85846	3,86212	3,86578	3,86944	3,87310	3,87676	3,88042	3,88408	3,88774
790	3,89140	3,89506	3,89872	3,90238	3,90604	3,90970	3,91336	3,91702	3,92068	3,92434
800	3,92800	3,93166	3,93532	3,93898	3,94264	3,94630	3,94996	3,95362	3,95728	3,96094
810	3,96460	3,96826	3,97192	3,97558	3,97924	3,98290	3,98656	3,99022	3,99388	3,99754
820	4,00120	4,00486	4,00852	4,01218	4,01584	4,01950	4,02316	4,02682	4,03048	4,03414
830	4,03780	4,04146	4,04512	4,04878	4,05244	4,05610	4,05976	4,06342	4,06708	4,07074
840	4,07440	4,07806	4,08172	4,08538	4,08904	4,09270	4,09636	4,10002	4,10368	4,10734
850	4,11100	4,11466	4,11832	4,12198	4,12564	4,12930	4,13296	4,13662	4,14028	4,14394
860	4,14760	4,15126	4,15492	4,15858	4,16224	4,16590	4,16956	4,17322	4,17688	4,18054
870	4,18420	4,18786	4,19152	4,19518	4,19884	4,20250	4,20616	4,20982	4,21348	4,21714
880	4,22080	4,22446	4,22812	4,23178	4,23544	4,23910	4,24276	4,24642	4,25008	4,25374
890	4,25740	4,26106	4,26472	4,26838	4,27204	4,27570	4,27936	4,28302	4,28668	4,29034
900	4,29400	4,29766	4,30132	4,30498	4,30864	4,31230	4,31596	4,31962	4,32328	4,32694
910	4,33060	4,33426	4,33792	4,34158	4,34524	4,34890	4,35256	4,35622	4,35988	4,36354
920	4,36720	4,37086	4,37452	4,37818	4,38184	4,38550	4,38916	4,39282	4,39648	4,40014
930	4,40380	4,40746	4,41112	4,41478	4,41844	4,42210	4,42576	4,42942	4,43308	4,43674
940	4,44040	4,44406	4,44772	4,45138	4,45504	4,45870	4,46236	4,46602	4,46968	4,47334
950	4,47700	4,48066	4,48432	4,48798	4,49164	4,49530	4,49896	4,50262	4,50628	4,50994
960	4,51360	4,51726	4,52092	4,52468	4,52824	4,53190	4,53556	4,53922	4,54288	4,54654
970	4,55020	4,55386	4,55752	4,56118	4,56484	4,56850	4,57216	4,57582	4,57948	4,58314

t	0	1	2	3	4	5	6	7	8	9
980	4,58680	4,59046	4,59412	4,59778	4,60144	4,60510	4,60876	4,61242	4,61608	4,61974
990	4,62340	4,62706	4,63072	4,63438	4,63804	4,64170	4,64536	4,64902	4,65268	4,65634
1000	4,66000	4,66366	4,66732	4,67098	4,67464	4,67830	4,68196	4,68562	4,68928	4,69294
1010	4,69660	4,70026	4,70392	4,70758	4,71124	4,71490	4,71856	4,72222	4,72588	4,72954
1020	4,73320	4,73686	4,74052	4,74418	4,74784	4,75150	4,75516	4,75882	4,76248	4,76614
1030	4,76980	4,77346	4,77712	4,78078	4,78444	4,78810	4,79176	4,79542	4,79908	4,80274
1040	4,80640	4,81006	4,81372	4,81738	4,82104	4,82470	4,82836	4,83202	4,83568	4,83934
1050	4,84300	4,84666	4,85032	4,85398	4,85764	4,86130	4,86496	4,86862	4,87228	4,87594
1060	4,87960	4,88326	4,88692	4,89068	4,89424	4,89790	4,90156	4,90522	4,90888	4,91254
1070	4,91620	4,91986	4,92352	4,92718	4,93084	4,93450	4,93816	4,94182	4,94548	4,94914
1080	4,95280	4,95646	4,96012	4,96378	4,96744	4,97110	4,97476	4,97842	4,98208	4,98574
1090	4,98940	4,99306	4,99672	5,00048	5,00404	5,00770	5,01136	5,01502	5,01868	5,02234
1100	5,02600	5,02966	5,03332	5,03698	5,04064	5,04430	5,04796	5,05162	5,05528	5,05894
1110	5,06260	5,06626	5,06992	5,07358	5,07724	5,08090	5,08456	5,08822	5,09188	5,09554
1120	5,09920	5,10286	5,10652	5,11018	5,11384	5,11750	5,12116	5,12482	5,12848	5,13214
1130	5,13580	5,13946	5,14312	5,14678	5,15044	5,15410	5,15776	5,16142	5,16508	5,16874
1140	5,17240	5,17606	5,17972	5,18338	5,18704	5,19070	5,19436	5,19802	5,20168	5,20534
1150	5,20900	5,21266	5,21632	5,21998	5,22364	5,22730	5,23096	5,23462	5,23828	5,24194
1160	5,24560	5,24926	5,25292	5,25658	5,26024	5,26390	5,26756	5,27122	5,27488	5,27854
1170	5,28220	5,28586	5,28952	5,29318	5,29684	5,30050	5,30416	5,30782	5,31148	5,31514
1180	5,31880	5,32246	5,32612	5,32978	5,33344	5,33710	5,34076	5,34442	5,34808	5,35174
1190	5,35540	5,35906	5,36272	5,36638	5,37004	5,37370	5,37736	5,38102	5,38468	5,38834
1200	5,39200	5,39566	5,39932	5,40398	5,40664	5,41030	5,41396	5,41762	5,42128	5,42494
1210	5,42860	5,43226	5,43592	5,43958	5,44324	5,44690	5,45056	5,45422	5,45788	5,46154
1220	5,46520	5,46886	5,47252	5,47618	5,47984	5,48350	5,48716	5,49082	5,49448	5,49814
1230	5,50180	5,50546	5,50912	5,51278	5,51644	5,52010	5,52376	5,52742	5,53108	5,53474
1240	5,53840	5,54206	5,54572	5,54938	5,55304	5,55670	5,56036	5,56402	5,56768	5,57134
1250	5,57500	5,57866	5,58232	5,58598	5,58964	5,59330	5,59696	5,60062	5,60428	5,60794
1260	5,61160	5,61526	5,61892	5,62258	5,62624	5,62990	5,63356	5,63722	5,64088	5,64454
1270	5,64820	5,65186	5,65552	5,65918	5,66284	5,66650	5,67016	5,67382	5,67748	5,68114
1280	5,68480	5,68846	5,69212	5,69578	5,69944	5,70310	5,70676	5,71042	5,71408	5,71774
1290	5,72140	5,72506	5,72872	5,73238	5,73504	5,73970	5,74336	5,74702	5,75068	5,75434
1300	5,75800	5,76166	5,76532	5,76898	5,77264	5,77630	5,77996	5,78362	5,78728	5,79094
1310	5,79460	5,79826	5,80192	5,80558	5,80924	5,81290	5,81656	5,82022	5,82388	5,82754
1320	5,83120	5,83486	5,83852	5,84218	5,84584	5,84950	5,85316	5,85682	5,86048	5,86414
1330	5,86780	5,87146	5,87512	5,87878	5,88244	5,88610	5,88976	5,89342	5,89708	5,90074
1340	5,90440	5,90806	5,91172	5,91538	5,91904	5,92270	5,92636	5,92902	5,93368	5,93734
1350	5,94000	5,94466	5,94832	5,95198	5,95564	5,95930	5,96296	5,96662	5,97028	5,97394
1360	5,97760	5,98126	5,98492	5,98858	5,99224	5,99590	5,99956	6,00322	6,00688	6,01054
1370	6,01420	6,01786	6,02152	6,02518	6,02884	6,03250	6,03616	6,03982	6,04348	6,04714
1380	6,05080	6,05446	6,05812	6,06178	6,06544	6,06910	6,07276	6,07642	6,08008	6,08374
1390	6,08740	6,09106	6,09472	6,09838	6,10204	6,10570	6,10936	6,11302	6,11668	6,12034
1400	6,12400	6,12766	6,13132	6,13498	6,13864	6,14230	6,14596	6,14962	6,15328	6,15694
1410	6,16060	6,16426	6,16792	6,17158	6,17524	6,17890	6,18256	6,18622	6,18988	6,19354
1420	6,19720	6,20086	6,20452	6,20818	6,21184	6,21550	6,21916	6,22282	6,22648	6,23014
1430	6,23380	6,23746	6,24112	6,24478	6,24844	6,25210	6,25576	6,25942	6,26308	6,26674
1440	6,27040	6,27406	6,27772	6,28138	6,28504	6,28870	6,29236	6,29602	6,29968	6,30334
1450	6,30700	6,31076	6,31432	6,31798	6,32164	6,32530	6,32896	6,33262	6,33628	6,33994
1460	6,34360	6,34726	6,35092	6,35458	6,35824	6,36190	6,36556	6,36922	6,37288	6,37654
1470	6,38020	6,38386	6,38752	6,39118	6,39484	6,39850	6,40216	6,40582	6,40948	6,41314
1480	6,41680	6,42046	6,42412	6,42778	6,43144	6,43510	6,43876	6,44242	6,44608	6,44974

t	0	1	2	3	4	5	6	7	8	9
1490	6,45340	6,45706	6,46072	6,46438	6,46804	6,47170	6,47536	6,47902	6,48268	6,48634
1500	6,49000	6,49366	6,49732	6,50098	6,50464	6,50830	6,51196	6,51562	6,51928	6,52294
1510	6,52660	6,53026	6,53392	6,53758	6,54124	6,54490	6,54856	6,55222	6,55588	6,55954
1520	6,56320	6,56686	6,57052	6,57418	6,57784	6,58150	6,58516	6,58882	6,59248	6,59614
1530	6,59980	6,60346	6,60712	6,61078	6,61444	6,61810	6,62176	6,62542	6,62908	6,63274
1540	6,63640	6,64006	6,64372	6,64738	6,65104	6,65470	6,65836	6,66202	6,66568	6,66934
1550	6,67300	6,67666	6,68032	6,68398	6,68764	6,69130	6,69496	6,69862	6,70228	6,70594
1560	6,70960	6,71326	6,71692	6,72058	6,72424	6,72790	6,73156	6,73522	6,73888	6,74254
1570	6,74620	6,74986	6,75352	6,75718	6,76084	6,76450	6,76816	6,77182	6,77548	6,77914
1580	6,78280	6,78646	6,79012	6,79378	6,79744	6,80110	6,80476	6,80842	6,81208	6,81574
1590	6,81940	6,82306	6,82672	6,83038	6,83404	6,83770	6,84136	6,84502	6,84868	6,85234
1600	6,85600	6,85966	6,86332	6,86698	6,87064	6,87430	6,87796	6,88162	6,88528	6,88894
1610	6,89260	6,89626	6,89992	6,90358	6,90724	6,91090	6,91456	6,91822	6,92188	6,92554
1620	6,92920	6,93286	6,93652	6,94018	6.94384	6,94750	6,95116	6,95482	6,95848	6,96214
1630	6,96580	6,96946	6,97312	6,97678	6,98044	6,98410	6,98776	6,99142	6,99508	6,99874
1640	7,00240	7,00606	7,00972	7,01338	7,01704	7,02070	7,02436	7,02802	7,03168	7,03534
1650	7,03900	7,04266	7,04632	7,04998	7,05364	7,05730	7,06096	7,06462	7,06828	7,07194
1660	7,07560	7,07926	7,08292	7,08658	7,09024	7,09390	7,09756	7,10122	7,10488	7,10854
1670	7,11220	7,11586	7,11952	7,12318	7,12684	7,13050	7,13416	7,13782	7,14148	7,14514
1680	7,14880	7,15246	7,15612	7,15978	7,16344	7,16710	7,17076	7,17442	7,17808	7,18174
1690	7,18540	7,18906	7,19272	7,19638	7,20004	7,20370	7,20736	7,21102	7,21468	7,21834
1700	7,22200	7,22566	7,22932	7,23298	7,23664	7,24030	7,24396	7,24762	7,25128	7,25494
1710	7,25860	7,26226	7,26592	7,26958	7.27324	7,27690	7,28056	7,28422	7,28788	7,29154
1720	7,29520	7,29886	7,30252	7,30618	7,30984	7,31350	7,31716	7,32082	7,32448	7,32814
1730	7,33180	7,33546	7,33912	7,34278	7,34644	7,35010	7,35376	7,35742	7,36108	7,36474
1740	7,36840	7,37206	7,37572	7,37938	7,38304	7,38670	7,39036	7,39402	7,39768	7,40134
1750	7,40500	7,40866	7,41232	7,41598	7,41964	7,42330	7,42696	7,43062	7,43428	7,43794
1760	7,44160	7,44526	7,44892	7,45258	7,45624	7,45990	7,46356	7,46722	7,47088	7,47454
1770	7,47820	7,48186	7,48552	7,48918	7,49284	7,49650	7,50016	7,50382	7,50748	7,51114
1780	7,51480	7,51846	7,52212	7,52578	7,52944	7,53310	7,53676	7,54042	7,54408	7,54774
1790	7,55140	7,55506	7,55872	7,56238	7,56604	7,56970	7,57336	7,57702	7,58068	7,58434
1800	7,58800	7,59166	7,59532	7,59898	7,60264	7,60630	7,60996	7,61362	7,61728	7,62094
1810	7,62460	7,62826	7,63192	7,63558	7,63924	7,64290	7,64656	7,65022	7,65388	7,65754
1820	7,66120	7,66486	7,66852	7,67218	7,67584	7,67950	7,68316	7,68682	7,69048	7,69414
1830	7,69780	7,70146	7,70512	7,70878	7,71244	7,71610	7,71976	7,72342	7,72708	7,73074
1840	7,73440	7,73806	7,74172	7,74538	7,74904	7,75270	7,75636	7,76002	7,76368	7,76734
1850	7,77100	7,77467	7,77832	7,78198	7,78564	7,78930	7,79296	7,79662	7,80028	7,80394
1860	7,80760	7,81126	7,81492	7,81858	7,82224	7,82590	7,82956	7,83322	7,83688	7,84054
1870	7,84420	7,84786	7,85152	7,85518	7,85884	7,86250	7,86616	7,86982	7,87348	7,87714
1880	7,88080	7,88446	7,88812	7,89178	7,89544	7,89910	7,90276	7,90642	7,91008	7,91374
1890	7,91740	7,92106	7,92472	7,92838	7,93204	7,93570	7,93936	7,94302	7,94668	7,95034
1900	7,95400	7,95766	7,96132	7,96498	7,96864	7,97230	7,97596	7,97962	7,98328	7,98694
1910	7,99060	7,99426	7,99792	8,00158	8,00524	8,00890	8,01256	8,01622	8,01988	8,02354
1920	8,02720	8,03086	8,03452	8,03818	8,04184	8,04550	8,04916	8,05282	8,05648	8,06014
1930	8,06380	8,06746	8,07112	8,07478	8,07844	8,08210	8,08576	8,08942	8,09308	8,09674
1940	8,10040	8,10406	8,10772	8,11138	8,11504	8,11870	8,12236	8,12602	8,12968	8,13334
1950	8,13700	8,14066	8,14432	8,14798	8,15164	8,15530	8,15896	8,16262	8,16628	8,16994
1960	8,17360	8,17726	8,18092	8,18458	8,18824	8,19190	8,19556	8,19922	8,20288	8,20654
1970	8,21020	8,21386	8,21752	8,22118	8,22484	8,22850	8,23216	8,23582	8,23948	8,24314
1980	8,24680	8,25046	8,25412	8,25778	8,26144	8,26510	8,26876	8,27242	8,27608	8,27974
1990	8,28340	8,28706	8,29072	8,29438	8,29804	8,30170	8,30536	8,30902	8,31268	8,31634

Tabelle VI

der Gefälle h in $^1/_{100}$ Millimeter Wassersäulen für verschieden hohe Luftsäulen H in steigenden Canälen für $0°$ Aussentemperatur bei 760 mm Barometerstand

$$h = {}^1/_{769} \left(1 - \frac{1}{1 + \alpha\,t}\right) \times H$$

t	die Höhe H des steigenden Canales									
	1 m	2 m	3 m	4 m	5 m	6 m	7 m	8 m	9 m	10 m
— 30	— 16,0599	— 32,1198	— 48,1797	— 64,2396	— 80,2995	— 96,3594	— 112,419	— 128,479	— 144,539	— 160,599
— 29	— 15,4617	— 30,9234	— 46,3851	— 61,8468	— 77,3085	— 92,7702	— 108,231	— 123,693	— 139,155	— 154,617
— 28	— 14,8635	— 29,7270	— 44,5905	— 59,4540	— 74,3175	— 89,1810	— 104,044	— 118,908	— 133,771	— 148,635
— 27	— 14,2783	— 28,5566	— 42,8349	— 57,1132	— 71,3915	— 85,6698	- 99,9481	— 114,226	— 128,504	— 142,783
— 26	— 13,6932	— 27,3864	— 41,0796	— 54,7728	— 68,4660	— 82,1592	— 95,8524	— 109,545	— 123,238	— 136,932
— 25	— 13,1080	— 26,2160	— 39,3240	— 52,4320	— 65,5400	— 78,6480	— 91,7560	— 104,864	— 117,972	— 131,080
— 24	— 12,5358	— 25,0716	— 37,6074	— 50,1432	— 62,6790	— 75,2148	- 87,7506	— 100,286	- 112,822	— 125,358
— 23	— 11,9636	— 23,9272	— 35,8908	— 47,8544	— 59,8180	— 71,7816	— 83,7452	— 95,7088	— 107,672	— 119,636
— 22	— 11,4045	— 22,8090	— 34,2135	— 45,6180	— 57,0225	— 68,4270	- 79,8315	— 91,2360	— 102,640	— 114,045
— 21	— 10,8445	— 21,6890	— 32,5335	— 43,3780	— 54,2225	— 65,0670	— 75,9115	— 86,7560	— 97,6005	— 108,445
— 20	— 10,2861	— 20,5722	— 30,8583	— 41,1444	— 51,4305	— 61,7166	— 72,0027	— 82,2888	— 92,5749	— 102,861
— 19	— 9,7269	— 19,4538	— 29,1807	— 38,9076	— 48,6345	— 58,3614	— 68,0883	— 77,8152	— 87,5421	— 97,2690
— 18	— 9,1808	— 18,3616	— 27,5424	— 36,7232	— 45,9040	— 55,0848	— 64.2656	— 73,4464	— 82,6272	— 91,8080
— 17	— 8,6346	— 17,2692	— 25,9038	— 34,5384	— 43,1730	— 51,8076	— 60,4422	— 69,0768	— 77,7114	— 86,3460
— 16	— 8,1014	— 16,2028	— 24,3042	— 32,4056	— 40,5070	— 48,6084	— 56.7098	— 64,8112	— 72,9126	— 81,0140
— 15	— 7,5553	— 15,1106	— 22,6659	— 30,2212	— 37,7765	— 45,3318	— 52,8871	— 60,4424	— 67,9977	— 75,5530
— 14	-- 7,0221	— 14,0442	— 21,0663	— 28,0884	— 35,1105	— 42,1326	— 49,1547	— 56,1768	— 63,1989	— 70,2210
— 13	— 6,5020	— 13,0040	— 19,5060	— 26,0080	— 32,5100	— 39,0120	— 45,5140	— 52,0160	— 58,5180	— 65,0200
— 12	— 5,9818	— 11,9636	— 17,9454	— 23,9272	— 29,9090	— 35,8908	— 41,8726	— 47,8544	— 53,8362	— 59,8180
— 11	— 5,4616	-- 10,9232	— 16,3848	— 21,8464	— 27,3080	- 32,7696	- 38,2312	— 43,6928	— 49,1544	— 54,6160
— 10	— 4,9415	— 9,8830	— 14,8245	— 19,7660	— 24,7075	— 29,6490	— 34,5905	— 39,5320	- 44,4735	— 49,4150
— 9	— 4,4343	— 8,8686	— 13,3029	— 17,7372	— 22,1715	— 26,6058	— 31,0401	— 35,4744	— 39,9087	— 44,3430
— 8	— 3,9272	— 7,8544	— 11,7816	— 15,7088	- 19,6360	— 23,5632	— 27,4904	— 31,4176	— 35,3448	— 39,2720
— 7	— 3,4200	— 6,8400	— 10,2600	— 13,6800	— 17,1000	— 20,5200	— 23,9400	— 27,3600	— 30,7800	— 34,2000
— 6	— 2,9259	— 5,8518	— 8,7777	— 11,7036	— 14,6295	— 17,5554	— 20,4813	— 23,4072	— 26,3331	— 29,2590
— 5	— 2,4187	— 4,8374	-- 7,2561	— 9,6748	— 12,0935	— 14,5122	— 16,9309	— 19,3496	— 21,7683	— 24,1870
— 4	— 1,9245	— 3,8490	— 5,7735	— 7,6980	— 9,6225	— 11,5470	— 13,4715	— 15,3960	— 17,3205	— 19,2450
— 3	— 1,4434	— 2,8868	— 4,3302	— 5,7736	— 7,2170	— 8,6604	— 10,1038	— 11,5472	— 12,9906	— 14,4340
— 2	— 0,9622	— 1,9244	— 2,8866	— 3,8488	— 4,8110	— 5,7732	— 6,7354	— 7,6976	— 8,6598	— 9,6220
— 1	— 0,4810	— 0,962	— 1,443	— 1,924	— 2,405	— 2,886	— 3,367	— 3,848	— 4,329	— 4,810
∓ 0	0,0000	0,0000	0,0000	0,0000	0,0000	0,0000	0,0000	0,0000	0,0000	0,0000
+ 1	+ 0,4772	+ 0,9544	+ 1,4316	+ 1,9088	+ 2,3860	+ 2,8632	+ 3,3404	+ 3,8176	+ 4,2948	+ 4,7720
2	0,9490	1,898	2,847	3,796	4,745	5,694	6,643	7,592	8,541	9,490
3	1,4170	2,834	4,251	5,668	7,085	8,502	9,919	11,336	12,753	14,170
4	1,8850	3,770	5,655	7,540	9,425	11,310	13,195	15,080	16,965	18,850
5	2,3400	4,680	7,020	9,360	11,700	14,040	16,380	18,720	21,060	23,400
6	2,8080	5,616	8,424	11,232	14,040	16,848	19,656	22,464	25,272	28,080
7	3,2630	6,526	9,789	13,052	16,315	19,578	22,841	26,104	29,367	32,630
8	3,7050	7,410	11,115	14,820	18,525	22,230	25,935	29,640	33,345	37,050
9	4,1600	8,320	12,480	16,640	20,800	24,960	29,120	33,280	37,440	41,600
10	4,6020	9,204	13,806	18,408	23,010	27,612	32,214	36,816	· 41,418	46,020
11	5,0440	10,088	15,132	20,176	25,220	30,264	35,308	40,352	45,396	50,440
12	5,4860	10,972	16,458	21,944	27,430	32,916	38,402	43,888	49,374	54,860
13	5,9150	11,830	17,745	23,660	29,575	35,490	41,405	47,320	53,235	59,150
14	6,3440	12,688	19,032	25,376	31,720	38,064	44,408	50,752	57,196	63,440
15	6,7730	13,546	20,319	27,092	33,865	40,638	47,411	54,184	60,957	67,730

t	die Höhe H des steigenden Canales									
	1 m	2 m	3 m	4 m	5 m	6 m	7 m	8 m	9 m	10 m
16	7,2020	14,404	21,606	28,808	36,010	43,212	50,414	57,616	64,818	72,020
17	7,6310	15,262	22,893	30,524	38,155	45,786	53,417	61,048	68,679	76,310
18	8,0470	16,094	24,141	32,188	40,235	48,282	56,329	64,376	72,423	80,470
19	8,4630	16,926	25,389	33,852	42,315	50,778	59,241	67,704	76,167	84,630
20	8,8790	17,758	26,637	35,516	44,395	53,274	62,153	71,032	79,911	88,790
21	9,2950	18,590	27,885	37,180	46,475	55,770	65,065	74,360	83,655	92,950
22	9,7110	19,422	29,133	38,844	48,555	58,266	67,977	77,688	87,399	97,110
23	10,1140	20,228	30,342	40,456	50,570	60,684	70,798	80,912	91,026	101,140
24	10,5170	21,034	31,551	42,068	52,585	63,102	73,619	84,136	94,653	105,170
25	10,9200	21,840	32,760	43,680	54,600	65,520	76,440	87,360	98,280	109,200
26	11,3100	22,620	33,930	45,240	56,550	67,860	79,170	90,480	101,790	113,100
27	11,7000	23,400	35,100	46,800	58,500	70,200	81,900	93,600	105,300	117,000
28	12,1030	24,206	36,309	48,412	60,515	72,618	84,721	96,824	108,927	121,030
29	12,4930	24,986	37,479	49,972	62,465	74,958	87,451	99,944	112,437	124,930
30	12,8830	25,766	38,649	51,532	64,415	77,298	90,181	103,060	115,947	128,830
31	13,2730	26,546	39,819	53,092	66,365	79,638	92,911	106,184	119,457	132,730
32	13,6630	27,326	40,989	54,652	68,315	81,978	95,641	109,304	122,967	136,630
33	14,0270	28,054	42,081	56,108	70,135	84,162	98,189	112,216	126,243	140,270
34	14,4040	28,808	43,212	57,616	72,020	86,424	100,828	115,232	129,636	144,040
35	14,7810	29,562	44,343	59,124	73,905	88,686	103,467	118,248	133,029	147,810
36	15,1580	30,316	45,474	60,632	75,790	90,948	106,106	121,264	136,422	151,580
37	15,5350	31,070	46,605	62,140	77,675	93,210	108,745	124,280	139,815	155,350
38	15,8990	31,798	47,697	63,596	79,495	95,394	111,293	127,192	143,091	158,990
39	16,2630	32,526	48,789	65,052	81,315	97,578	113,841	130,104	146,367	162,630
40	16,627	33,254	49,881	66,508	83,135	99,762	116,389	133,016	149,643	166,270
45	18,408	36,816	55,224	73,632	92,042	110,448	128,856	147,264	165,672	184,080
50	20,137	40,274	60,411	80,548	100,685	120,822	140,959	161,096	181,233	201,370
55	21,814	43,628	65,442	87,256	109,070	130,884	152,698	174,512	196,326	218,140
60	23,439	46,878	70,317	93,756	117,195	140,634	164,073	187,512	210,951	234,390
65	25,012	50,024	75,036	100,048	125,060	150,072	175,084	200,096	225,108	250,120
70	26,546	53,092	79,638	106,184	132,730	159,276	185,822	212,368	238,914	265,460
75	28,041	56,082	84,123	112,164	140,205	168,246	196,287	224,328	252,369	280,410
80	29,484	58,968	88,452	117,936	147,420	176,904	206,388	235,872	265,356	294,840
85	30,888	61,776	92,664	123,552	154,440	185,328	216,216	247,104	277,992	308,880
90	32,253	64,506	96,759	129,012	161,265	193,518	225,771	258,024	290,277	322,530
95	33,579	67,158	100,737	134,316	167,895	201,474	235,053	268,632	302,211	335,790
100	34,866	69,732	104,598	139,464	174,330	209,196	244,062	278,928	313,794	348,660
110	37,362	74,724	112,086	149,448	186,810	224,172	261,534	298,896	336,258	373,620
120	39,702	79,404	119,106	158,808	198,510	238,212	277,914	317,616	357,318	397,020
130	41,951	83,902	125,853	167,804	209,755	251,706	293,657	335,608	377,559	419,510
140	44,083	88,166	132,249	176,332	220,415	264,498	308,581	352,664	396,747	440,830
150	46,124	92,248	138,372	184,496	230,620	276,744	322,868	268,992	415,116	461,240
160	48,061	96,122	144,183	192,244	240,305	288,366	336,427	384,488	432,549	480,610
170	49,907	99,814	149,721	199,628	249,535	299,442	349,349	399,256	449,163	499,070
180	51,675	103,350	155,025	206,700	258,375	310,050	361,725	413,400	465,075	516,750
190	53,365	106,730	160,095	213,460	266,825	320,190	373,555	426,920	480,285	—533,650
200	54,990	109,980	164,970	219,960	274,950	329,940	384,930	439,920	494,910	549,900
210	56,537	113,074	169,611	226,148	282,685	339,222	395,759	452,296	508,833	565,370
220	58,032	116,064	174,096	232,128	290,160	348,192	406,224	464,256	522,288	580,320
230	59,462	118,924	178,386	237,848	297,310	356,772	416,234	475,696	535,158	594,620
240	60,840	121,680	182,520	243,360	304,200	365,040	425,880	486,720	547,560	608,400

t	die Höhe H des steigenden Canales									
	1 m	2 m	3 m	4 m	5 m	6 m	7 m	8 m	9 m	10 m
250	62,166	124,332	186,498	248,664	310,830	372,996	435,162	497,328	559,494	621,660
260	63,440	126,880	190,320	253,760	317,200	380,640	444,080	507,520	570,960	634,400
270	64,662	129,324	193,986	258,648	323,310	387,972	452,634	517,296	581,958	646,620
280	65,845	131,690	197,535	263,380	329,225	395,070	460,915	526,760	592,605	658,450
290	66,989	133,978	200,967	267,956	334,945	401,934	468,923	535,912	602,901	669,890
300	68,068	136,136	204,204	272,272	340,340	408,408	476,476	544,544	612,612	680,680
310	69,147	138,294	207,441	276,588	345,735	414,882	484,029	553,176	622,323	691,470
320	70,174	140,348	210,522	280,696	350,870	421,044	491,218	561,392	631,566	701,740
330	71,162	142,324	213,486	284,648	355,810	426,972	498,134	569,296	640,458	711,620
340	72,124	144,248	216,372	288,496	360,620	432,744	504,868	576,992	649,116	721,240
350	73,060	146,120	219,180	292,240	365,300	438,360	511,420	584,480	657,540	730,600
360	73,957	147,914	221,871	295,828	369,785	443,742	517,699	591,656	665,613	739,570
370	74,828	149,656	224,484	299,312	374,140	448,968	523,796	598,624	673,452	748,280
380	75,673	151,346	227,019	302,692	378,365	454,038	529,711	605,384	681,057	756,730
390	76,492	152,984	229,476	305,968	382,460	458,952	535,444	611,936	688,428	764,920
400	77,285	154,570	231,855	309,140	386,425	463,710	540,995	618,280	695,565	772,850
425	79,170	158,340	237,510	316,680	395,850	475,020	554,190	633,360	712,530	791,700
450	80,938	161,876	242,814	323,752	404,690	485,628	566,566	647,504	728,442	809,380
475	82,576	165,152	247,728	330,304	412,880	495,456	578,032	660,608	743,184	825,760
500	84,110	168,220	252,330	336,440	420,550	504,660	588,770	672,880	756,990	841,100
525	85,540	171,080	256,620	342,160	427,700	513,240	598,780	684,320	769,860	855,400
550	86,905	173,810	260,715	347,620	434,525	521,430	608,335	695,240	782,145	869,050
575	88,166	176,332	264,498	352,664	440,830	528,996	617,162	705,328	793,494	881,660
600	89,375	178,750	268,125	357,500	446,875	536,250	625,625	715,000	804,375	893,750
625	90,493	180,986	271,479	361,972	452,465	542,958	633,451	723,944	814,437	904,930
650	91,572	183,144	274,716	366,288	457,860	549,432	641,004	732,576	824,148	915,720
675	92,586	185,172	277,758	370,344	462,930	555,516	648,102	740,688	833,274	925,860
700	93,548	187,096	280,644	374,192	467,740	561,288	654,836	748,384	841,932	935,480
725	94,458	188,916	283,374	377,832	472,290	566,748	661,206	755,664	850,122	944,580
750	95,394	190,788	286,182	381,576	476,970	572,364	667,758	763,152	858,546	953,940
775	96,148	192,296	288,444	384,592	480,740	576,888	673,036	769,184	865,332	961,480
800	97,045	194,090	291,135	388,180	485,225	582,270	679,315	776,360	873,405	970,450
825	97,695	195,390	293,085	390,780	488,475	586,170	683,865	781,560	879,255	976,950
850	98,410	196,820	295,230	393,640	492,050	590,460	688,870	787,280	885,690	984,100
875	99,099	198,198	297,297	396,396	495,495	594,594	693,693	792,792	891,891	990,990
900	99,762	199,524	299,286	399,048	498,810	598,572	698,334	798,096	897,858	997,620
925	100,386	200,772	301,158	401,544	501,930	602,316	702,702	803,088	903,474	1003,860
950	100,997	201,994	302,991	403,988	504,985	605,982	706,979	807,976	908,973	1009,970
975	101,582	203,164	304,746	406,328	507,910	609,492	711,074	812,656	914,238	1015,820
1000	102,141	204,282	306,423	408,564	510,705	612,846	714,987	817,128	919,269	1021,410
1100	104,169	208,338	312,507	416,676	520,845	625,014	729,183	833,352	937,521	1041,690
1200	105,924	211,848	317,772	423,696	529,620	635,544	741,468	847,392	953,316	1059,240
1300	107,445	214,890	322,335	429,780	537,225	644,670	752,115	859,560	967,005	1074,450
1400	108,797	217,594	326,391	435,188	543,985	652,782	761,579	870,376	979,173	1087,970
1500	109,993	219,986	329,979	439,972	549,965	659,958	769,951	879,944	989,937	1099,930
1600	111,059	222,118	333,177	444,236	555,295	666,354	777,413	888,472	999,531	1110,590
1700	112,008	224,016	336,024	448,032	560,040	672,048	784,056	896,064	1008,072	1120,080
1800	112,892	225,784	338,676	451,568	564,460	677,352	790,244	903,136	1016,028	1128,920
1900	113,685	227,370	341,055	454,740	568,425	682,110	795,795	909,480	1023,165	1136,850
2000	114,400	228,800	343,200	457,600	572,000	686,400	800,800	915,200	1029,600	1144,000
∞	**129,300**	**258,600**	**387,900**	**517,200**	**646,500**	**775,800**	**905,100**	**1034,400**	**1163,700**	**1293,000**